版权声明

Copyright © Oxford University Press 2019
All rights reserved.

Your Brain on Food: How Chemicals Control Your Thoughts and Feelings, Third Edition was originally published in English in 2019. This translation is published by arrangement with Oxford University Press. Beijing Multi-Million New Era Culture and Media Company, Ltd. is solely responsible for this translation from the original work and Oxford University Press shall have no liability for any errors, omissions or inaccuracies or ambiguities in such translation or for any losses caused by reliance thereon.

保留所有权利。非经中国轻工业出版社"万千心理"书面授权，任何人不得以任何方式（包括但不限于电子、机械、手工或其他尚未被发明或应用的技术手段）复印、拍照、扫描、录音、朗读、存储、发表本书中任何部分或本书全部内容。中国轻工业出版社"万千心理"未授权任何机构提供源自本书内容的电子文件阅览、收听或下载服务。如有此类非法行为，查实必究。

Your Brain on Food
How Chemicals Control Your Thoughts and Feelings
(Third Edition)

舌尖上的大脑
——控制你所思所感的食物和药物

〔美〕Gary L. Wenk 著

酷炫脑 译
姚乃琳 审校

中国轻工业出版社

图书在版编目（CIP）数据

舌尖上的大脑：控制你所思所感的食物和药物／（美）加里·L.温克（Gary L. Wenk）著；酷炫脑译. —北京：中国轻工业出版社，2021.1

ISBN 978-7-5184-3109-0

Ⅰ.①舌… Ⅱ.①加… ②酷… Ⅲ.①心理学-普及读物 Ⅳ.①B84-49

中国版本图书馆CIP数据核字（2020）第145589号

总 策 划：石　铁
策划编辑：孙蔚雯　　　　　责任终审：滕炎福
责任编辑：孙蔚雯　　　　　责任监印：刘志颖

出版发行：中国轻工业出版社（北京东长安街6号，邮编：100740）
印　　刷：三河市鑫金马印装有限公司
经　　销：各地新华书店
版　　次：2021年1月第1版第1次印刷
开　　本：880×1230　1/32　印张：7.50
字　　数：115千字
书　　号：ISBN 978-7-5184-3109-0　定价：55.00元

读者热线：010-65181109，65262933
发行电话：010-85119832　传真：010-85113293
网　　址：http://www.chlip.com.cn　http://www.wqedu.com
电子信箱：1012305542@qq.com
如发现图书残缺请与我社联系调换

191057Y2X101ZYW

Your Brain on Food
How Chemicals Control Your Thoughts and Feelings
(Third Edition)

舌尖上的大脑
——控制你所思所感的食物和药物

〔美〕Gary L. Wenk 著

马诚睿 伊俐 刘锦鸿 张逸秋 林宇豪 郑旸 译
（以上人员均来自"酷炫脑"，按姓氏笔画排序）

姚乃琳 审校

中国轻工业出版社

译者序

人如其食（you are what you eat），这句话着实不假。

近年来越来越多的研究证实了这句话的科学性。肠脑轴就是这样一个神奇的概念。你可能从没听说过这个词——这个由5亿神经组成的十分独特的系统。因为它可以脱离大脑的操控，自行运转，所以它又被称作"第二大脑"。肠神经分布于消化肌之间，主要作用是调节肠胃道消化功能。但同时，它也可以通过迷走神经与中枢神经系统取得联系，正是通过肠神经系统—迷走神经—中枢神经的连接，肠脑轴得以形成。

另一方面，科学家发现肠道菌种可以影响我们的大脑，许多心理疾病与症状或许可以通过改变肠道菌种的组成来缓解。科学家将益生菌移植到自闭症患者的肠道中，在比较他们获得移植前后的焦虑指数后，发现益生菌显著减轻了他们的焦虑表现。

"渴求是一种什么感觉？试想一下，就好比非常强大的成瘾物——糖。你的大脑需要糖（通常以葡萄糖的形式）来保证正常运作。大脑中数十亿的神经元需要持续的葡萄糖供应，以维持其产生能量并与其他神经元进行交流的能力。这些神经元如果缺少葡萄糖供应，就会在几分钟内死亡。因此，从吃完上一顿饭开始，人体的血糖水平就在随着时间的流逝而下降，你开始渴求食物，尤其是甜食。"这就是我们的大脑的运作过程。大脑是人体中最重要的器官之一，它操控着我们的行为、思想及情绪等，而果蔬、甜食等饮食和药物的摄入也会在不知不觉间影响我们脑内的活动。

或许你会疑惑，饮食和药物究竟是怎样影响我们的大脑的？你是否曾想象过，在这个过程当中，我们的大脑都在经历着怎样的变化？为什么有些药物会使人感到兴奋，甚至出现致幻的作用？

对于脑科学从业人员，这本能够全面介绍食物对大脑影响的书是一本可以拓展知识面的很有价值的书。这本书用通俗的语言描述了大脑在饮食和药物的作用下产生的化学变化。作者带着不偏不倚的精神为大众科普了脑科学知识，并且从记忆、成瘾、情绪等多方面展现了大脑的活动变化，其中还穿插了一些科学研究、实验及结果。所以本书也是非常适合对脑神经科学感兴趣的大众阅读的入门级书籍。

"酷炫脑"是一个致力于脑科学知识普及的自媒体团队，本译作则是该团队成员合作的成果。本书译者均为"酷炫脑"成员，他们同时来自国内外知名高校。本书翻译具体分工如下：刘锦鸿（前言、第一章、第二章）、张逸秋（第三章、第四章）、郑旸

（第五章、第六章）、林宇豪（第七章）；马诚睿（第八章）、伊俐（第九章、第十章）；最后由伊俐和刘锦鸿统稿整理，姚乃琳审校；译者序由伊俐执笔。文中含有大量的专业术语及知识，此版本在翻译的过程中也尽量贴切原著的写作风格和笔调，来对专业内容进行解说。我们由衷地希望这本书能够帮助同样对脑神经科学感兴趣的读者学习到新的知识，也希望读者在阅读此书时对大脑有新的理解。

酷炫脑

2020.9.10

前　言

在过去的一个世纪里,有很多人把大脑比作一台精密的电子仪器,仪器里面包含各种颜色的导线,有蓝色、红色,还有绿色等其他颜色。但不管是什么颜色,这些导线的工作都是相同的,就是将信号从一个接口传递到另一个接口。不同颜色的导线由不同的控制中心调节,红色的导线由一个控制中心调节,绿色的导线由另一个控制中心调节。这听起来是不是很有道理?但如果你能见到大脑真正的结构,你就会发现虽然其中的神经通路连接方式与彩色导线的连接方式很像,但你并不会看到彩色的导线,在你面前的只有一个又一个细胞,或者说是神经元。大脑有大约1000亿个神经元,神经元之间彼此相连形成所谓的突触,仅仅是在大脑皮层这一组织结构中,就有近150万亿个神经突触。这些数以亿计的神经元并没有披着各种颜色的外表,而是相互分泌着某种叫作神经递质的化学物质,不同的神经元会分泌不同的神经递质。那么,当这些神经递质与外来的分子物质相遇后,比如一种药物或者一种食物,你的机体会发生什么样的化学反应呢？

　　这本书的主要内容就是回答上面这个问题。你吃的任何东西，无论是药物还是食物，都会影响你体内神经元的活动，进而影响你的思维和感觉。为了阐明这一点，我首先会给大家介绍目前的神经科学家已知的某些药物或食物对大脑的影响，并且希望通过展示日常所吃的食物如何影响大脑的工作方式来增进大家对大脑的了解。之后我会介绍神经递质在大脑中的生理作用，以及诸如植物提取物、坚果、蘑菇、香料、巧克力或者一些医药保健类的药品如何影响神经递质在体内的含量变化和分泌代谢过程。同时，我会和大家讨论大脑在幻觉、宗教信仰、疼痛和衰老过程中发挥的作用，以及这些过程会在多大程度上受到我们所吃的食物或者药物的影响。另外，在我看来，人类的进化过程决定了大脑对于我们所吃的药物和食物的反应，所以我会讲一些文化历史的内容。

　　人的大脑有100余种已知或者怀疑是神经递质的化学物质，除此以外还有很多科学家尚未发现的神经递质。我会重点介绍那些被认为与药物的精神活性效应以及我们日常所吃的食物有重要联系的神经递质。

　　我写这本书的目的并不是要详细地介绍目前已知的"食物和药物与大脑之间的联系"，而是希望用一种轻松愉快的方式给大家做个简单的介绍。读完这本书，我希望你不仅能够了解某种药物或食物是如何对你的大脑起作用的，还能够预测我没有讨论到的物质或者是尚未发现的物质会如何影响我们的大脑。当然,更好的一种情况是,你会回过头去翻看之前的章节,觉得这些内容太简单了,还想要进一步了解大脑的相关知识。如果这本书能够激发你去了解更多有关神经科学的知识,就达到我的目标了——让你更好地了解你的大脑。我在这本书的后面列举了拓展阅读材料,方便感兴趣的读者进一步了解神经科学。

这本书是在我的导师、同事、家人和朋友的支持和鼓励下完成的。在此,我要感谢戴维·奥尔顿(David Olton),是他耐心地给我讲述药物对大脑的影响;感谢詹姆斯·麦克高格(James McGaugh),是他激发了我对行为药理学的兴趣;感谢吉安卡洛·佩佩(Giancarlo Pepeu),是他让我对药物在文化发展过程中的作用有了更深入的了解;感谢派波·布里森(Peabo Bryson),一个有着优美嗓音的人,是他激励我去探索神经科学在宗教发展中发挥的作用;感谢保罗·戈尔德(Paul Gold),他在犹他州斜坡上给我的建议帮了我很大的忙;还有杰奎琳·克劳利(Jacqueline Crawley),感谢她在大脑功能研究上做出的杰出贡献以及在我写作时提供的宝贵意见。他们的才学帮助我把那些异想天开的想法集中到理性的讨论中。

此外,我要感谢牛津大学出版社的琼·博瑟特(Joan Bossert)和凯瑟琳·卡林(Catharine Carlin)一路走来给我的支持和鼓励。我也非常荣幸能够和马里恩·奥斯蒙(Marion Osmun)合作,她是一位才华横溢的编辑,给我提供了很多建议和鼓励。同时,我还要感谢成千上万名上过我的精神药理学课程的学生,他们个人的故事让这本书变得更加生动活泼。

在写作的每一阶段,我的妻子简都给我提供了很多建议。她帮助我更好地理解读者的想法,并教会我如何用通俗易懂的文字表达专业的内容。我相信她的判断和洞察力。如果你能从我的文字中学到些什么,一定要感激她的帮助。这本书是献给简的。

目 录

第一章 食物、药物和你 1
 植物是食物和药物的共同来源：为什么？ 2
 药物和产生思维的器官 6
 非常基础的神经科学和药理学背景知识 9
 胃肠道和大脑联系的进化史 10
 渴求和成瘾 17

第二章 进食的神经生理机制：激素、暴饮暴食和衰老 25
 女性和男性的大脑对食物的反应不相同 26
 生物节律和饮食习惯对大脑的影响 27
 当"好"的食物变"坏"时 28
 "酸性饮食"和大脑功能 29
 碳水化合物与大脑功能 30
 "好"的脂肪和"坏"的脂肪 32
 抽脂术对大脑的益处 33

改善大脑功能的膳食脂肪 ⋯⋯⋯⋯⋯⋯⋯⋯⋯⋯⋯⋯⋯ 35
对Ω-3脂肪酸益处的质疑 ⋯⋯⋯⋯⋯⋯⋯⋯⋯⋯⋯⋯⋯ 36
脂肪是如何损害大脑功能的 ⋯⋯⋯⋯⋯⋯⋯⋯⋯⋯⋯⋯ 38
为什么肥胖会引起慢性疼痛？了解神经炎症的作用⋯⋯ 39
膳食藻类能减少神经炎症 ⋯⋯⋯⋯⋯⋯⋯⋯⋯⋯⋯⋯⋯ 40
暴饮暴食带来的快乐 ⋯⋯⋯⋯⋯⋯⋯⋯⋯⋯⋯⋯⋯⋯⋯ 42
为什么我们喜欢过度进食？ ⋯⋯⋯⋯⋯⋯⋯⋯⋯⋯⋯⋯ 43
为什么高脂类食品这么好吃？ ⋯⋯⋯⋯⋯⋯⋯⋯⋯⋯⋯ 45
为什么减肥这么难？ ⋯⋯⋯⋯⋯⋯⋯⋯⋯⋯⋯⋯⋯⋯⋯ 46
这应该归咎于你的基因 ⋯⋯⋯⋯⋯⋯⋯⋯⋯⋯⋯⋯⋯⋯ 46
"虫子"或许能够拯救肥胖人群 ⋯⋯⋯⋯⋯⋯⋯⋯⋯⋯⋯ 47
有自杀倾向的大脑 ⋯⋯⋯⋯⋯⋯⋯⋯⋯⋯⋯⋯⋯⋯⋯⋯ 52
"受伤的大脑"应该吃些什么？ ⋯⋯⋯⋯⋯⋯⋯⋯⋯⋯⋯ 54
吃多少很重要 ⋯⋯⋯⋯⋯⋯⋯⋯⋯⋯⋯⋯⋯⋯⋯⋯⋯⋯ 56
食物的杰纳斯效应（由于进食而引起能量消耗
　增加的现象）⋯⋯⋯⋯⋯⋯⋯⋯⋯⋯⋯⋯⋯⋯⋯⋯⋯ 58
吃蔬菜和水果延缓大脑衰老 ⋯⋯⋯⋯⋯⋯⋯⋯⋯⋯⋯⋯ 60
素食者的饮食总是健康的吗？ ⋯⋯⋯⋯⋯⋯⋯⋯⋯⋯⋯ 63
别忘了调味料 ⋯⋯⋯⋯⋯⋯⋯⋯⋯⋯⋯⋯⋯⋯⋯⋯⋯⋯ 65
一些真的野蛮的方式 ⋯⋯⋯⋯⋯⋯⋯⋯⋯⋯⋯⋯⋯⋯⋯ 67
黄酮类化合物的保护作用 ⋯⋯⋯⋯⋯⋯⋯⋯⋯⋯⋯⋯⋯ 69
更多关于巧克力及其对大脑影响的信息 ⋯⋯⋯⋯⋯⋯⋯ 70

第三章　记忆、魔法和成瘾 75
阿尔茨海默病：一个具有代表性的例子 76
别丢弃你的铝制厨具——它们与阿尔茨海默病无关 ... 79
乙酰胆碱的合成和分泌 80
乙酰胆碱受体拮抗剂 84
巫毒玩偶、幻觉和美貌 89
一颗干果和一朵蘑菇就可以提高你的乙酰胆碱水平 ... 93
尼古丁 96

第四章　狂喜、抑郁和疯癫 103
关于去甲肾上腺素和多巴胺的基本神经科学知识 104
苯丙胺与摇头丸 108
大自然中的兴奋剂 111
多巴胺：快乐感的油门 123
治疗精神病 125

第五章　大脑对现实的反映 129
补充色氨酸 131
迷幻剂 132
我们也许生来就易产生幻觉 137
致幻剂和宗教信仰 138

混合致幻剂 …………………………………………………… 142

第六章　大脑中的大麻 …………………………………………… 145
　　　毒品和绳索 …………………………………………………… 145
　　　大脑本身含有的大麻样神经递质 …………………………… 151
　　　内源性大麻类似物的功能 …………………………………… 152
　　　饥饿感和抑郁 ………………………………………………… 153
　　　抗损伤和抗衰老 ……………………………………………… 154
　　　大麻与偏头痛 ………………………………………………… 155
　　　早餐里的大麻 ………………………………………………… 157
　　　用于治疗精神性痛苦的大麻 ………………………………… 159

第七章　简单的分子能使你兴奋，也会使你昏昏欲睡 ………… 161
　　　谷氨酸：一种让人兴奋的神经递质 ………………………… 162
　　　γ-氨基丁酸：具有抑制作用的神经递质 …………………… 165
　　　用食品和药物增强γ-氨基丁酸的作用 ……………………… 166
　　　酒精 …………………………………………………………… 166
　　　音乐和心跳 …………………………………………………… 169
　　　巴比妥类药物 ………………………………………………… 169
　　　苯二氮䓬类药物 ……………………………………………… 170
　　　苦艾酒、味美思酒和修士酒 ………………………………… 172
　　　增强GABA …………………………………………………… 174

　　　　噩梦 ·························· 175

第八章　上古遗迹 179
　　　　阿片与阿片样神经递质 ············ 181
　　　　麸质与大脑 ······················ 185

第九章　睡眠与清醒 187
　　　　腺苷 ···························· 188
　　　　为什么咖啡能给我们带来愉悦感？ ·· 191
　　　　无咖啡因的咖啡 ·················· 193
　　　　咖啡还是茶？ ···················· 194
　　　　为什么你醒来后会感到疲倦？ ······ 195
　　　　昨夜和你一起入睡的人 ············ 196
　　　　晚间型与晨间型 ·················· 196
　　　　你昨夜有没有饿着肚子入睡？ ······ 197
　　　　睡眠不足怎么办？ ················ 197

第十章　增强大脑的方式及流言 199
　　　　银杏叶 ·························· 206
　　　　维生素补品 ······················ 209
　　　　伪科学 ·························· 212
　　　　安慰剂效应 ······················ 213

结束语 ··· 218

拓展阅读 ····································· 219

第 一 章

食物、药物和你

在很久以前,我们的祖先就发现,食用某些植物或某些动物的身体部位会让人产生不愉快的感觉甚至导致死亡。在一本为临终的人祈祷的书上提到过这些物质。这本书还提到了一种精神药物,当时被称为"亦毒亦药(pharmakon)",主要用于减轻人在临终时的痛苦。说白了,"亦毒亦药"就是毒药。最初的时候,"pharmakos(φαρμακος)"在希腊语中指的是那些作为替罪羊牺牲的人。这些人都是为了治疗另一个有着更高社会地位的人而被毒死的。后来,大约在公元前600年的时候,这个词开始用来指治疗患者的药品。如今则引申了两种含义:一是药理学,研究药物对人体影响的科学机制;二是精神药理学,研究药物对大脑的影响,这种影响反过来又称为具有"精神活性"。

这本书不仅会探讨药物对人的大脑的影响,还会涉及一些食物对人体的影响。实际上,这些物质的共同点就是都在一定程度上具有"精神活性",这意味着它们可以影响你的大脑,进而影响你的行为。在这本书的最后，你会发现，药物（你的大脑想要用来提升兴奋性的物质）和食物（你的身体想要用来提供营养的物质）之间的界限正在变得越来越模糊，我们也很难定义哪些物质是药物，哪些物质是食物。事实上，对兴奋剂和镇静剂的广泛使用已经让大多数人不再把这些物质看作药物，而是看作食物。咖啡、茶、烟草、酒精、可可还有大麻[1]，这些东西是提供营养的食物还是药物？对许多人来说，这种区别已经变得相当模糊。而我建议大家，无论你吃进去的东西是否有营养价值，你都应该将其看作一种药物。正如大家了解的那样，即使是那些看起来仅仅含有营养价值的"分子"，如巧克力或赖氨酸等人体必需的氨基酸，也会有一些我们认为属于药物的特性。

植物是食物和药物的共同来源：为什么？

我们日常食用的一些东西还有广泛使用的精神类药物都来源于植物。人类或者直接食用植物，或者食用经过转换的动物（如猪、牛、羊）身上的肉。这本书将会讨论植物的成分如何直接

---

[1] 根据《中华人民共和国刑法》第357条规定，大麻、鸦片、海洛因、甲基苯丙胺（冰毒）、吗啡、可卡因以及国家规定管制的其他能够使人形成瘾癖的麻醉药品和精神药品均属于毒品。本书对毒品的精神毒性进行了深入介绍，揭示了毒品成瘾原理及其危害，以增强读者的识毒、禁毒意识。——译者注

或间接地影响我们的大脑。每个人在日常生活中都能或多或少地体会到所吃的食物给我们带来的不同感受。而营养神经学家和精神药理学家也一直致力于研究植物成分是如何通过改变大脑内的化学物质来影响大脑的功能的。基本上，植物所含的化学物质都营养丰富、具有精神活性，或者两者兼有。这就是为什么这本书的英文书名是 *Your Brain on Food* [1]。可以这么说，人类食用的几乎所有东西都会以微妙而深刻的方式影响大脑功能，进而影响我们的思维和情感。

为什么植物会对我们产生如此深远的影响？是植物想要控制人类吗？读完有关烟草和咖啡因的章节后，你可能会得出这样的结论：植物几乎已经占领了整个世界。事实上，植物对人类一点兴趣都没有。在自人类出现以来的10万年里，我们除了在全球变暖的过程中扮演了重要的角色，和植物之间并没有太多的联系。

地球上居住着超过1万亿种生物。其中，昆虫、蜘蛛和软体动物等无脊椎动物的数量占80%，而植物约占17%。无论是从物种数量还是从总生物量来看，昆虫和植物都是地球表面的优势物种（单细胞生物是地壳的优势物种）。在过去的4亿年里，植物和昆虫之间有着复杂的共生关系：植物既需要昆虫来维持自身的生

---

[1] 直译为"大脑对食物的反应"。本书中文版书名意译为《舌尖上的大脑》——译者注

存和繁衍,又要避免被昆虫吃掉。但问题是,它们无法移动,不能简单地从昆虫身边走开,也没有肢体能够拍打虫子。那该怎么办呢?植物只好通过分泌一些化学物质来影响虫子的行为,进而保护自己。这些化学物质被称为"次级代谢产物",指的是不直接涉及生命正常生长、发育或繁殖的有机化合物,只是在植物的被食防御方面起着重要作用。

那么为什么我们的大脑会对植物中的某些化学物质产生这么大的反应?要找到这个问题的答案,我们需要回到大约13亿年前,那时动植物的共同祖先还活在地球上。人类和植物有3000多个相同的基因,这些基因是我们共同的祖先留下来的,对我们的生存起到了重要作用。由于共同进化演变产生的这些共同基因解释了为什么大脑会对植物中的化学物质产生反应。植物、昆虫和人类大脑都会分泌或利用诸如乙酰胆碱、多巴胺、血清素[1]、γ-氨基丁酸、谷氨酸、阿片类物质和前列腺素等化学物质。人的大脑也会合成许多亦存在于植物中的具有精神活性的化学物质,如吗啡、致幻剂二甲基色胺和蟾毒色胺。所有这些化学物质在10亿年前就已经存在于植物、昆虫和人类的共同祖先中了。当我们食用这些古老的"分子"时,自然会受到它们的影响。

即使是最原始的单细胞生物也会产生许多与我们大脑内的

---

[1] 最早是从血清中发现的,又名5-羟色胺(5-hydroxytryptamine,缩写为5-HT)。——译者注

物质相同的化学物质。因此，无论你是吃一盘西兰花还是吃一大堆阿米巴原虫（单细胞生物），它们所含的化学物质都会影响你的神经元功能，进而改变你的感觉或思维方式。生活在食物链底层的低等植物、真菌、藻类和其他植物不断地将阳光转化为人类生存所需的所有关键营养素，包括碳水化合物、蛋白质、脂肪和维生素。

　　实际上，我们都经历过与我们所吃的植物共同进化所带来的影响。例如，未成熟的香蕉含有高水平的神经递质——血清素。当你吃下这样的香蕉时，它的血清素会作用到你肠道中的血清素能神经元，增强你的肠道蠕动，最后往往导致腹泻。事实上，植物并不是对你的大脑起作用的唯一化学物质来源。人类和昆虫以及爬行动物的共同进化史也能解释为什么当你被蜜蜂蜇了或被蛇咬了后会产生不愉快的感觉。我们与地球上的动植物共同进化的历史很早就预示了这些情况的发生。例如，试想如下科幻场景：一个宇航员在一个类似地球的星球上行走，突然被一个不太友好的、看起来像灰熊的生物咬了一口。宇航员知道自己受伤了，同时眼睁睁看着这个生物将一种液体注射到他的皮下。宇航员会死吗？不，他不会。因为宇航员和这个外星生物没有共同的祖先，也没有共同进化史。换句话说，宇航员的身体不会对这种液体产生反应。也许你会说组成人类的氨基酸和组成这种液体的氨基酸可能都是在太空中进化而来的，也算有共同进化史。但是研究人员已经确定，在这么长时间相互独立的进化过程中，两者并不可能进化出相同的神经递质分子。因此，每一个宇航员，从闪电侠戈登（《闪电侠》的主角）到柯克船长（《星际迷航》的主角）再到卢克·天行者（《星球大战》的主角），在任何星球上行走都很安全（除了在他们自己的星球上），因为他们都不会受到外星球上动植物毒素的伤害。同样，科幻电影里那些在外太空中似乎很受欢迎的易醉饮料和疗效十足的药品，也完全不会影响宇航员的大脑。

药物和产生思维的器官

在很久以前，人类就已经认识到某些植物的特殊习性以及食用它们可能会给身体和大脑带来的影响，并用这些植物作为治疗身体疾病的药物。这种将植物提取物用作药物的古老做法或许是人类大脑进化以及产生意识的开端。我们现在知道，精神疾病是由大脑功能障碍引起的。但在此之前，人类一直认为精神疾病是由邪恶的神灵引起的，或者是愤怒的天神对人的惩罚。直到最近，在20世纪中叶，世界上才出现了治疗精神疾病的有效药物。当我们发现精神类疾病有可能像身体疾病那样可以用药物治疗时，我们变得有些紧张，开始限制这些精神类药物的使用，因为这涉及人类思维的本质。我们不禁会开始联想：人类的所有精神活动会不会在本质上就是生化反应的体现？我们所珍视的思想，比如对上帝的敬畏，以及我们内心最深处的情感，比如爱，会不会只是我们身体内部某个器官发生的化学反应？那么灵魂和浪漫又是什么呢？我们会不会有一天也能找到治疗破碎的灵魂或者破碎的心灵的药物？就像我们现在用于治疗严重精神疾病的药物。这并不是异想天开。或许就在不久的将来，人类会发明新的药物来增强我们蠢蠢欲动的情感（如"伟哥"）以及拉近我们与神灵交流的距离。我们的孙辈很可能会有一整套的药物来增强各式各样的精神功能。

事实上，关于药物对大脑的影响，我们已经有大量的药典可以参考，对它的适应证和功效也一直存在争论，但有几点是肯定的。

第一，你摄取的这些物质不应该简单地分为"好的"或是"坏的"。无论是药物还是营养物质，本质上都是化学物质——不多不少（见后面的图1.1）。它们在你的大脑内造成了你想要或不想要的影响。

第二，每种药物都有多种功效。人体的大脑和身体结构十分复杂，我们摄取的化学物质可以自由地到达身体的各个部位和大脑的各个区域，因此对我们的大脑功能和行为产生了各式各样直接或间接的影响。

第三，药物或营养物质对大脑的影响取决于你的摄入量。改变某种药物的剂量会改变其作用强度和作用性质，这一原理被称为剂量—反应效应。通俗地说就是，大剂量会对大脑产生更大的效应。当然在某些情况下，大剂量会产生与低剂量完全相反的效应，比如阿司匹林在正常治疗剂量下可以降低体温，但在高剂量下可以升高体温。

第四，药物对大脑的影响在很大程度取决于你的遗传基因、服药过程的性质以及你对服药后果的预期。举个例子，如果你对某一种药物有强烈的反应，你可能对很多药物都有强烈的反应，而你的父母中可能至少有一个也会出现这样的情况。

有时候，你的遗传背景可能给你的用药带来致命影响。我们班以前有位年轻人想加入一个颇受欢迎的兄弟会，但他的社交能力很差，很难交到朋友。于是，他开始疯狂地参加各种联谊派对，不顾父母的警告，跟着大伙儿喝酒、抽大麻。他告诉我们，他每次喝酒之后都会瘫在地上，几小时后，这个症状就会神奇地消失。而派对上的其他同学还以为他是喝醉了，把他的四肢摆成各种奇怪的姿势，完全不知道他已经麻痹了。后来，我向一位医生朋友问起这件事情，得知我那位同学可能遗传了酒精代谢紊乱基因。他的机体会将酒精转化为一种衍生物，这种衍生物对肌肉有很强的毒性且会持续刺激肌肉，导致肌肉无法正常收缩。如果他继续喝酒，那么他体内退化的肌肉产生的细胞碎片就会慢慢聚集到肾脏，导致肾脏衰竭。所以，如果他不马上停止喝酒，他的遗传背景和酒精的相互作用会给他的健康带来致命的影响。从这个同学的例子中，我们至少得到了两个教训：第一，你要了解你的遗传背景，可能会有一些意外的惊喜；第二，有时候，简单了解一些食物对人体的影响可能会拯救我们的生命。

非常基础的神经科学和药理学背景知识

本书将重点讲述食物和药物如何影响我们的大脑,在接下来的章节,我将给大家详细介绍其中的具体机制。但在此之前,我先给大家普及一些非常基础的解剖学和脑科学知识,有助于我们更深入地理解。

大家有没有想过这样一个问题,为什么我们的大脑位于身体的头部?像心脏一样深埋在胸腔里不是更安全吗?实际上,大脑现在的位置是人类从出现到现在进化出的最佳位置。在过去的六亿多年里,当脑样结构首次出现在一个单细胞动物身上时,它的位置就一直位于"喂养管"的头部,"喂养管"在人类和其他生物中表现为从口腔一直延伸到肛门的管系统结构(消化道)。但在本质上,无论是"喂养管"还是"消化道",都是进食管道。你的大脑会提供视觉系统、听觉系统还有嗅觉系统来帮助你找到食物,并指引你下一步的进食行为。也因为大脑位于消化道的头端,你可以很方便地品尝到食物的味道,同时还能在进食前检查食材的好坏以及可能存在的危害。一旦食物进入你的消化道,它就会被机体吸收利用。你的消化道和相关消化器官就是我们常说的胃肠道系统,能够吸收70%的食物能量,剩下的30%则由身体的其他系统吸收。你的大脑会消耗其中25%的能量,维持生殖和运动的器官(包括肌肉和骨骼)则会消耗大约15%的能量。这些百分比代表着人类进化产生的需求优先顺序——思考、性和运动。

胃肠道和大脑联系的进化史

大脑需要消耗很多能量,伴随着它的体积逐渐增大,生物不得不进化出更长的消化道来增加能量的摄取和吸收。对哺乳动物而言,肠道的长度与整个躯体的重量及大脑的体积都有显著的相关性。与整个机体相比,当大脑的相对大小增加到一定程度时,肠道开始改变它的进化策略,转而基于高质量的消化吸收模式进化出更加高效的管道。而在此之前,肠道一直增长到了机体已经没有空间去容纳它。另外,某些消化酶的表达也发生了重大的遗传学改变,使我们能够从饮食中获取更多的能量。尽管肠道内出现了这些改变,但是一项对超过100种哺乳动物的研究表明:大脑的体积大小和肠道的长短并没有明显联系。还有一项令人惊讶的发现是,人类以外的其他动物的大脑体积大小与躯体的脂肪含量之间呈负相关。总结一下就是,人类有一个体积较大的大脑、相对低的脂肪含量(但如今的西方饮食习惯正在逐渐改变这一点)和能有效为生殖系统和大脑提供能量的胃肠道系统。但在人类进化过程中出现了一种令人惊讶的权衡:随着大脑体积增大,人类繁衍后代的成功率却下降了。大家或许会认为拥有更大的大脑会带来更高的繁殖成功率。毕竟我们觉得大脑更大的动物会找到更多的食物，更好地避开捕食者，并找到更多的伴侣。但这些猜想都基于大脑越大越聪明的假设，而事实并非如此。一些脑容量不大且身材较小的动物表现出了较高的认知能力，而一些脑容量大的物种则不然。关键因素不是脑容量的大小，而是脑内神经元之间连接的复杂程度。

　　灵长类动物会将体内25%的能量用于大脑的新陈代谢，而其他大多数哺乳动物的这个比例仅为5%。我们人类的大脑会消耗大量能量用于社交行为，就是为了找到异性从而繁衍后代。这是我们与生俱来的生理需求，不管你是否会有所行动。而这一需求的主要表现形式就是约会，这需要一个庞大而且复杂的大脑去保证约会顺利进行。与此同时，你的大脑已经进化出了一些有趣的神经递质，让你能够开心地享受这个过程，比如多巴胺和一种阿片类化学物质。这两者都在大脑奖励机制中发挥着关键作用，因此吃高热量的食物，比如约一位异性在当地餐馆吃奶酪汉堡和炸薯条，或者和约会对象做爱，都是典型的约会行为。如果你只是想传承生命和繁衍后代，吃东西和做爱显然都是好主意。但在之后的章节，你会知道，多巴胺和阿片类物质会在你通过各种途径获得快感的行为中发挥重要作用，无论是吃甜甜圈、做爱还是注射海洛因的时候。

　　让我们再来了解一下大脑的解剖结构。你只需要知道一点：大脑是由神经元和一些支持细胞组成的，这些支持细胞被称为神经胶质细胞。如果你能提取一小块脑组织（如图1.1b所示），你会发现脑组织里面塞满了细胞和血管,几乎没有其他东西。几个具有相同功能的神经元聚集在一起,称为核或神经节,它们与特定的功能相关。例如,一些神经节负责控制运动,一些神经节负责调节体温,还有一些神经节负责控制情绪。

总的来说,大脑在有组织地运转。它的后半部分结构负责接收传入的感觉信息,然后整合处理形成你当下的主观感受;它的前半部分结构负责组织和策划运动,通常是对一些重要的感觉信

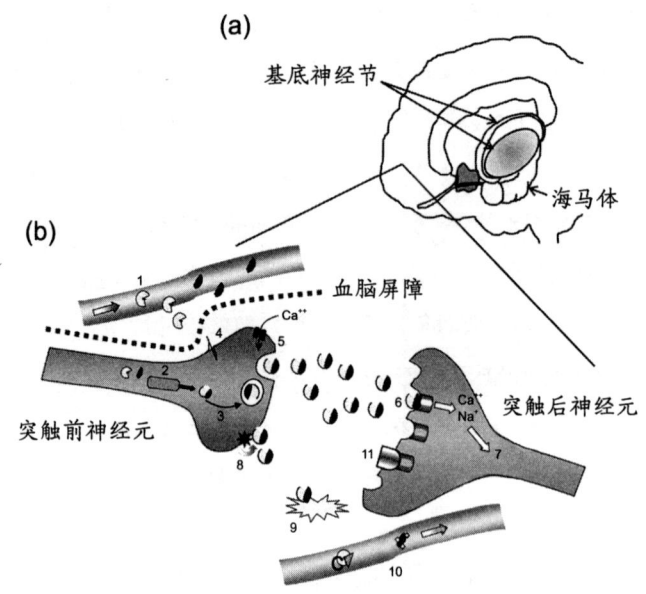

图1.1 (a)人脑的各个脑区解剖结构会在后面的章节提到。(b)神经元之间相互联系的方式。详情见正文。

号做出反应,比如某人告诉你该吃晚饭了。你听到了那个人的声音,闻到了烹调食物的香味;你的血糖水平下降,产生对食物的渴望;你意识到天色已晚,太阳正在落山……这些信号都在告诉你:该吃晚饭了。然后这个信息会传入大脑的前半部分结构,让你决定离开书房到客厅就餐。

为了提高你感知外界事物以及与其互动的能力,同时也为了让你更好地繁衍后代以及提升幸福感,神经元必须进行相互交流。它们主要通过释放神经递质来做到这一点,神经递质包括刚才提到的多巴胺、阿片类物质以及其他即将介绍的神经递质。大部分神经元都能在不同的大脑结构中找到,它们发挥的功能完全取决于它们所处的结构。

我们先来看几个例子。首先,在图1.1a的中心找到基底神经节。构成基底神经节的神经元负责运动的正常进行。这些神经元之间释放的多巴胺水平远高于周围其他脑区。因此,科学家曾经得出结论:基底神经节内的多巴胺参与对运动的控制,如果我们让大脑接触一种能够损害多巴胺分泌和释放的药物,你的运动能力就会受损。但这种假设后来被证明是错误的。因为你还可以在视网膜和下丘脑找到多巴胺,但这些结构和运动并无关系。同样,在海马体中(与记忆的存储相关的脑区)也有去甲肾上腺素,但是去甲肾上腺素在其他与记忆无关的脑区也发挥着作用。所以说,世界上并不存在一种特定的"多巴胺功能",也不存在一种特定的"去甲肾上腺素功能"。神经递质发挥的功能由其所在的脑区决定，而不是由神经递质本身决定的。事实上，神经递质在不同的大脑区域表现出了一系列复杂的功能，因此我们很难对它们在大脑中发挥的作用做出统一的概括。

大脑中的神经递质是由食物中的营养物质经过一系列化学反应转换得到的。首先，营养物质（图1.1b中的标号1），例如氨基酸、葡萄糖、脂肪和多肽类物质（多个氨基酸连接在一起的多聚体）会被机体消化吸收，然后随着供应大脑的动脉到达大脑，穿过血脑屏障进入神经元。不同的酶（标号2）会将这些营养物质转化为不同的神经递质。之后，神经递质会被运输到突触囊泡（标号3）或具有中空结构的小球体储存起来，以便之后从神经元中释放出来。

当电信号传来（图1.1b中的标号4）时，会引发一系列后续反应。这个电信号叫作动作电位，它是一个非常微小的神经冲动，能沿着轴突快速传导。而轴突是神经元发出的一条突起，携带着动作电位，能够与其他神经元进行交流。你可以把它想象为连接大脑不同结构的电线。当动作电位到达轴突末端时，会引起钙离子内流，继而开启两个神经元之间的交流：轴突末端的突触囊泡会移向神经元的细胞膜（想象两个泡泡互相靠近），之后将储存的神经递质释放（标号5）到两个神经元之间的狭小间隙，也称突触间隙。两个神经元通过释放神经递质进行交流的结构称为突触。释放到突触间隙的神经递质会与突触另一侧神经元表面的受体（一种蛋白质，标号6）结合，激发离子（如钙离子或钠离子）进入下游神经元引起次级生化反应（标号7），最终会持续对神经元产生影响。

与此同时，神经递质在与受体相互作用后，必须经过重吸收（图1.1b中的标号8）回到最初释放它的神经元来停止它的作用。这个过程称为再摄取。神经递质失效的另一种方法就是通过转化酶（标号9）将其转化为一种不再与大脑相互作用的化学物质。一旦神经递质被酶灭活，它就会从大脑进入血液（标号10）。这些代谢的副产物很容易被检测到，因此可用于监测我们的大脑是否在正常工作。

药物和食物中的物质都会在不同程度上影响信号传递过程，减少或增加神经递质的分泌；减少突触囊泡的存储能力；干扰神经递质的释放过程；影响神经递质与受体的结合过程（图1.1b中的标号11）；减缓神经递质的重吸收过程或者抑制酶的灭活作用。大脑作为产生思维的器官，任何食物或药物作用在神经信号传递上都会对我们的感觉、思维和行为产生深远影响。

那么，我们在日常生活中接触的药物和食物是如何影响我们的大脑的呢？在大多数情况下都是影响神经元之间的信号传递过程。化学物质在我们体内或大脑中发挥作用的部位称为"作用位点"。化学物质的作用效应可以为我们了解它在大脑中的作用位点提供线索。例如，影响睡眠和觉醒水平的营养物质或药物通常会改变大脑中所谓脑干激活系统内的神经元活动，这就反过来告诉我们脑干激活系统内的神经元与睡眠和觉醒水平相关。另外一种帮助我们了解药物作用位点的线索来源于大脑内分布不均匀的神经递质。例如，前面已经提到，多巴胺主要集中在基底神经节，这是大脑控制运动的区域。所以干扰多巴胺合成和分泌的药物会损害我们的运动功能。

那么，为什么我们食用的一些东西会影响我们的大脑，而另一些不会呢？实际上，是因为大脑周围有一系列保护屏障，其中最重要的是血脑屏障，导致一些可能会影响大脑功能的化学物质无法进入大脑。血脑屏障对脂溶性药物的通透性较好，而对水溶性药物的通透性较差。这也在提示我们相关药物的作用效果。脂溶性药物能够迅速进入大脑，也能迅速离开大脑，导致其作用时间较短。我们常见的脂溶性药物有维生素A、维生素D、维生素E和维生素K。尼古丁和咖啡因也是脂溶性的物质，能够轻松透过血脑屏障；如果不是这样，人们也不会滥用这些物质。不得不感叹的是，我们人类发现了烟草和咖啡树的这种属性，并在全世界范围内进行了广泛种植和保护。

一旦药物进入大脑，接下来会发生什么？在大多数情况下，药物的作用位点是神经元表面的受体蛋白。与受体结合激发神经元产生神经冲动的化学物质称为激动剂；相反，与受体结合后阻断神经递质释放或者抑制激动剂作用的化学物质称为拮抗剂。换句话说，受体激动剂通常激活神经元，而受体拮抗剂通常抑制神经元。这两个术语在本书中会经常提到。

你可能会摄入的一些化学物质进入体内后并没有完全代谢

或灭活，因此可以重新进入你的大脑并持续影响大脑的功能。相反，你摄入的另一些化学物质会在体内转化为活性更强的精神类物质。例如，止咳糖浆内的一部分可待因会转化成止痛效果更强的吗啡；裸盖菇中的裸盖菇素会转化成具有致幻效果的脱磷酸裸盖菇素；海洛因在大脑中并不怎么活跃，只有当其转换为吗啡之后才会给你带来快感。当然，在通常情况下，药物在体内会被酶水解，使其在大脑和身体中失去活性，然后通过体液或呼吸排出体外。

有时候，某些化学物质的作用时间会很长，以至到最后，大脑会慢慢适应它的存在，将其看作自己的必要组成部分。你会发现自己已经离不开这种物质了。

渴求和成瘾

渴求是一种什么感觉？试想一下，就好比非常强大的成瘾物——糖。你的大脑需要糖（通常以葡萄糖的形式）来保证正常运作。大脑中数十亿的神经元需要持续的葡萄糖供应，以维持其产生能量并与其他神经元进行交流的能力。这些神经元如果缺少葡萄糖供应，就会在几分钟内死亡。因此，从吃完上一顿饭开始，人体的血糖水平就在随着时间的流逝而下降，你开始渴求食物，尤其是甜食。大脑中的糖被视为理所当然的存在，它的缺乏会导致渴求的感觉，并引发觅食行为，比如你会找一台自动贩卖机，买一块好时巧克力。如果你想切身体验那种无法抗拒的强烈的对毒品的渴求，就让自己饿上一整天吧。

另一个不太常见的关于渴求的例子就是大脑对长期接触药物苯丙胺（一种可成瘾的兴奋剂）的反应。这种药物能增加神经递质多巴胺、去甲肾上腺素和血清素的释放。突触中的这些神经递质的持续存在会改变神经递质受体的数量和行为。随着时间的推移，每天服用苯丙胺的人群体内的各类神经元可能都会出现重大变化。这种补偿性的改变在一定程度上解释了为什么服用苯丙胺的患者往往需要不断增大药物剂量以维持快感。数小时后，当大脑中的苯丙胺水平下降，患者的快感消失，甚至会烦躁不安，产生一种抑郁感，以及对苯丙胺重回大脑的渴求。简而言之，大脑渴求它"认为"的维持它正常运作所需的化学物质，而持续的渴求被称为成瘾。

如果持续摄入咖啡因、尼古丁或几乎任何一种能在大脑中产生类似的代偿变化的化学物质，那么在它们消失后，人都会产生心理渴求。这种反应正是你的大脑在进化过程中为你做的：它的目的是懂得变通并学会生存——去灵活地适应变化的环境，以及应付各种各样被我们摄入的化学物质。当已被大脑习惯的定期摄入的物质（例如，糖、苯丙胺或其他任何你习惯性摄入的东西）缺失时，这种"常态"便被打破，作为回应，大脑会在体内产生一种要去补偿这种物质的冲动。这时，你渴望得到这个东西，不论它是否合法、安全，或者有多昂贵。

渴望还和另一种有趣的大脑功能相关。从大脑中去除某种药物或化学物质，往往伴随着与药物作用相反的生物学和行为改变，即反弹。我更喜欢说大脑总是被"反推回去"。例如，撤去可卡因、苯丙胺这类兴奋剂所引起的反弹，会使人由愉悦转变为抑郁。这种有趣的大脑反馈显然是单向的。我的意思是，我们经常观察到兴奋剂引起愉悦反应之后会出现抑郁现象，但我们从来没有将快感视为使用像酒精和巴比妥类药物等镇静剂的反弹作用的一部分。一夜狂饮后，没有人会因为宿醉而感到快乐。

许多生物因素，如年龄和体重，在药物影响大脑和改变行为方面发挥着至关重要的作用。有时，你从父母那里继承的独特的神经回路也会决定某种药物是使你兴奋还是抑郁。对这一观点最佳的解释是初值定律，它指出每个人的初始兴奋水平是由其遗传、生理、疾病或健康状况、药物史以及环境因素决定的；对精神药物的反应程度取决于所有这些因素如何影响一个人当前的兴奋或抑郁状态。比如，当患者因疼痛、焦虑或紧张而服用少量吗啡时，他们会体验到快感。反之，给一个快乐的、没有痛苦的人注射相同剂量的吗啡，会引起轻微的焦虑和恐惧感。阿司匹林可以在你发烧的时候给你降温，却不能在大热天给你降暑——你首先得发烧了，它才会发挥作用。在你长时间保持清醒或者前一晚没有睡好时，咖啡能使你亢奋并提高注意力；相反，如果你休息得很好，同样剂量的咖啡未必能使你更加精神。给紧张型精神分裂症患者静脉注射巴比妥类药物会引起一过性兴奋和自主行为，而给大多数正常人注射只会让他们睡着。与性格内向的智力型人相比，镇静剂更容易使外向的运动型人产生焦虑。

初值定律是一个值得在本书之外深入讨论的精彩理论。事实上，神经科学和药理学的各种基础知识只是冰山一角地概括了人们这些年来对大脑及其对每天摄入的食物和药物的反应的认识。接下来的章节将以这些知识为基础，描述大脑和身体化学的交织，以及肠道和大脑在这种变化的环境下是如何共同进化的。其中一些神经递质系统会得到详细介绍，包括图1.2所示的内容。

你选择摄入的几乎所有东西都会直接或间接地影响你的大脑。显然，某些物质的作用比其他的大。我假定将调味料、植物、动物器官、任何种类的药物、咖啡、茶、尼古丁和巧克力都看作食物，并且把人体摄入的一切物质均定义为食物，无论它是否具有营养价值。为了更好地理解食物和药物是如何影响大脑的，我将它们分为三类。

第一类，是我们会一次性摄入高剂量的化学物质，比如，咖啡、糖、海洛因、酒精、尼古丁、大麻、某些香料，以及一些来自植物和菌类的具精神活性的物质。它们的效果几乎立竿见影，取决于能进入大脑的含量。对于这一类物质，最关键的是使它们在大脑的作用部位达到足够的化学剂量，以至产生足以使我们注意到的效应，并能将这种效应与食用特定的食物或药物联系起来。

然而大多数时候，这种情况根本不会发生。拿肉豆蔻举例：如果感恩节的馅饼里含有少量的肉豆蔻，我们大多数人都不会留

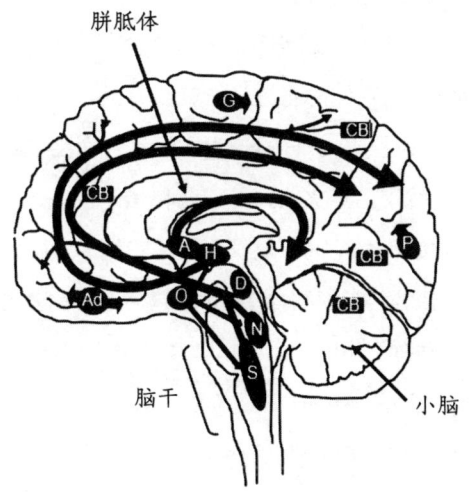

图 1.2 神经递质系统解剖示意图。A：胆碱能神经元主要起源于基底前脑区域，投射到大脑皮层、海马体、杏仁核和嗅球。Ad：腺苷酸几乎可以被大脑中的每一个细胞释放。CB：大麻素能神经元遍布大脑和小脑。D：多巴胺能神经元起源于中脑，投射到基底神经节和额叶。G：GABA能神经元作为小的中间神经元遍布整个大脑，并且从一个大脑区域投射到另一个大脑区域。H：组胺能神经元大多位于大脑底部附近，并广泛地投射到大脑的各个区域。N：去甲肾上腺素能神经元起源于第四脑室的蓝斑，位于小脑下方，几乎投射到大脑的每个部位。O：食欲肽能神经元投射到乙酰胆碱、多巴胺、组胺、血清素和去甲肾上腺素能神经元上，并激活它们。P：含肽神经元倾向于弥散分布，尽管也存在明显的例外。S：血清素能神经元起源于脑干中线上的一组分散的细胞核，向下投射到脊髓，向上投射到大脑的各个区域。大脑中到处都是谷氨酸能神经元，没有在图片中将它们标示出来。

意肉豆蔻里含有肉豆蔻醚和榄香素这两种化学物质——这两种物质在我们体内会转化成毒品摇头丸的成分。然而，如果我们吃了整整一罐香料，我们的肠道马上就会有反应（严重的腹泻），还很有可能产生大约48小时的幻觉。据我的学生描述，这种经历并不好受。稍后我将再次谈到肉豆蔻和其他香料。

第二类，是一些经过几天或几周在我们的大脑中缓慢发挥作用的食物。它们通常被称作转载体，包括多种氨基酸（色氨酸和赖氨酸就是很好的例子）；血糖指数高的碳水化合物，如土豆、百吉饼和米饭；蚕豆；一些矿物质（尤其是铁和镁）；含卵磷脂的产品，如甜甜圈、鸡蛋和蛋糕；巧克力；还有水溶性维生素。这些食物的作用是使特定的传输系统发生偏差，通常是增强其在大脑中的功能。例如，科学家曾经认为，睡前喝一杯热牛奶，或者吃一顿富含蛋白质的大餐，可使我们昏昏欲睡，因为色氨酸作为转载体参与了转运。目前的研究并不支持这一解释，却符合我的主要观点：我们必须让足够的营养或化学物质以适当的剂量到达大脑的特定部位，才能产生可被观察的效应。不幸的是，色氨酸难以进入我们的大脑，尤其是当与其他种类的氨基酸一起食用时，比如肉类中的氨基酸。

那么，这些食物对认知的影响又有哪些科学依据呢？大多数情况与我们的摄入不足有关。例如，研究表明，色氨酸摄入过少会让人感到抑郁和愤怒。水溶性维生素（B族维生素和维生素C）摄入过少会引起大脑功能的改变，但要在摄入缺乏数周后才会被人注意到。许多人天真地得出结论,高剂量地摄入这类营养物质会迅速改善我们的情绪或思维。不幸的是,这样的情况鲜有发生。补充一些维生素确实能改善大脑功能,稍后将讨论几个关于这些益处的科学可靠的例子。但通常来说,这一类食物比第一类食物需要更长的时间,方能影响我们的大脑。

第三类,是当下媒体经常讨论的慢作用的、具有终生影响效应的营养物质。这类食物包括富含抗氧化剂的食物,如彩色水果和蔬菜;鱼和橄榄油;果汁;具有抗炎功效的植物和药物,比如阿司匹林;一些类固醇;肉桂和其他香料;尼古丁、咖啡因和巧克力;脂溶性维生素;坚果;豆类;还有啤酒和红酒。一生中都规律地摄入这些食物使人受益匪浅。因为这些食物都为我们的大脑提供了某种形式的保护,使其免受我们每天接触到的最致命的东西——氧——的伤害。当人们摄入食物时,必然吸入氧气。吸入氧气,人就会变老。因此,长寿的人往往会吃富含抗氧化剂的食物,或压根儿就吃得很少。尽管尼古丁和咖啡因可以避免大脑中氧气的毒性作用,但这并不代表我建议你用香烟搭配早晨的咖啡。然而,如果你已经对尼古丁和咖啡因上瘾了,就是时候权衡一下戒烟的好处和烟对大脑的潜在益处了。

你可以看到,若你从不同的角度问起食物会如何影响大脑,会获得不同的食物清单及食用建议。如果你想改变目前的大脑功能或延缓大脑衰老,你需要吃特定的食物。事实上,我们大多数人在吃东西时从不考虑得这么复杂——我们只吃味道好的东西。

很不幸，当我们吃糖、脂肪和盐时，大脑会疯狂地奖赏我们，导致了当下的肥胖问题，以及随之而来的肥胖相关疾病的流行。因此，就像药物一样，食物也有消极和积极的作用，取决于你吃什么、吃多少、吃多久。在后面的章节中，我将谈谈控制我们对美食的欲望的神经机制。

第 二 章

进食的神经生理机制：
激素、暴饮暴食和衰老

大脑会持续稳定地接收一系列反映体内能量存储的激素信号。当它考虑了下次进食的时间以及可以进食的食物，再结合当前进食的环境，就会根据食物的营养价值、美味程度以及过去的进食体验来选择想要吃的食物。但大脑面临的真正挑战是如何停止进食。

如何停止进食在一定程度上取决于我们有多胖。大脑在瘦素和胰岛素的作用下会提醒机体减少对食物的摄入。肥胖人群大脑中的胰岛素和瘦素水平不断升高，但他们的大脑忽视了这些激素信号，导致他们不知道要停止进食。人体对这些激素的敏感程度受到雌激素水平波动的影响，所以男性和女性的反应程度不太一样：女性对瘦素（取决于脂肪含量）产生的食欲抑制作用更敏感；男性则对胰岛素（取决于进食量）产生的食欲抑制作用更敏感。

女性和男性的大脑对食物的反应不相同

大脑除了通过激素得到有关食物的信息以外，还会从嘴巴和鼻子中得到关于食物的气味、味道和口感等反馈信息以及胃排空信号。然而，这些信息很容易被大脑忽略，所以我们不断地进食。科学家基于一项关于大脑如何让我们停止进食的研究开发了一种"减肥药"，这种药物通过模仿一种或多种反馈信号来减少机体对食物的摄入。但实验结果显示，服用该药的受试者虽然在短时间内的热量摄入量下降，但在大脑学会忽略错误信号后，又恢复到原来的热量摄入量。为什么会这样？这是从人类40亿年的进化中得到的教训：没有摄入足够的热量会给我们的生存带来可怕的后果，因此人类的生存准则是：寻找食物，消耗食物中的热量，再寻找食物，再消耗它的热量，周而复始。所以，通过限制饮食来达到减肥的目的并没有进化上的优势。等你下次想减肥时，不妨回过头想想这段话。

当你往嘴里放一块食物时，味蕾中的六种分子会进行相互作用，然后将信息传递到大脑，同时刺激多巴胺、内啡肽、内源性大麻素和食欲肽等神经递质的分泌来激活大脑中的奖赏通路。食欲肽亦称下丘脑泌素，是对两种不同的神经肽激素的统称，它会影响我们的睡眠，并促进我们的摄食行为。分泌食欲肽的神经元会在早上唤醒你，并让你产生对食物的渴望。

一旦食物到达肠道，它还会遇到更多的受体，这些受体会检测食物的甜度、脂肪含量以及苦味。你可以把肠道想象为舌头的延续，每一部分都有专门的味觉感受器。这些感受器的激活减缓了食物在肠道中的蠕动，让机体能够更好地吸收其中的营养物质。

生物节律和饮食习惯对大脑的影响

一天中有没有吃东西的最佳时间？如果你只能在上午10点到下午4点进食会怎么样？会不会即使你吃了高脂肪含量的食物，体重也增加得较少？你会更加健康吗？答案是肯定的。因为人体的生理状况会受到饮食习惯和睡眠节律等生物节律的影响。相信大家都对忽视生物节律给人体带来的多种不良影响有所了解：比如熬夜、不规律作息等生活方式会让你更容易出现失眠、高血压、肥胖、高血脂和糖尿病等症状，这些症状统称为代谢综合征。

在最近的一系列研究中，科学家让小鼠自由选择营养均衡的饮食方式或高脂肪含量（占总饮食61%的热量）的饮食方式。一组小鼠可以在任何时间接触食物；另一组小鼠只在它们代谢旺盛的早期阶段，每天有8小时接触食物。最后，研究发现，被给予全天高脂肪饮食（这也是大多数美国人的饮食习惯）的小鼠出现了肥胖、糖尿病等代谢综合征，且睡眠受到严重影响；同时，高脂肪饮食还导致这组小鼠的嗅觉功能出现退化，让它们对很多食物都没有以往的兴趣。而限制时间进行高脂肪饮食的小鼠明显比每天随时可吃同样东西的小鼠健康，这些小鼠幸运地减掉了体内的脂肪，葡萄糖耐量恢复正常，血清中胆固醇降低，运动功能改善，睡眠周期也恢复了正常。最令人惊讶的是，两组小鼠的每日热量摄入并没有明显差异。这再一次证明了什么时候吃东西真的很重要。大家要记住的一点就是"早上吃好，晚上吃少以及深夜不要吃零食"。不吃早餐和晚上暴饮暴食是导致体重增加和肥胖的重要原因。此外，不吃早餐的人会觉得他们吃东西没啥感觉，而且两餐之间容易饥饿。如果你也有同样的感受，那就是时候改变你的进餐时间了。

当"好"的食物变"坏"时

当我们因吃东西而出现不良反应的时候，往往提醒我们身体出现问题了。比如，如果有一天我们吃了自己喜欢的食物后没啥事，而第二天再吃时出现了恶心、头晕和精神错乱的状况，我们就要想想是哪里出现问题了。一般来说，当我们摄入的饮食成分在体内不能正常代谢和排泄时，就会引起毒性反应。例如：阳桃是一种个头小、皮很薄的水果，富含维生素、矿物质和膳食纤维，是抗氧化剂的丰富来源。但对于肾功能不全的患者来说，食用阳桃会导致严重的不良反应，比如呕吐、打嗝、精神错乱或者癫痫。所以我们要清楚一点：躯体对饮食成分的反应在很大程度上受到健康状况的影响。

"酸性饮食"和大脑功能

市面上总是有这样的传言：你摄入的食物和饮料会酸化你的血液或碱化你的血液。这是真的吗？答案是否定的，这并没有绝对的联系。每个人的血液酸碱度都是由一系列复杂的缓冲系统来保持稳定的，一般会略高于纯净水的pH。最重要的是，如果你还能够正常呼吸和完成日常工作，你的机体会很好地控制血液酸碱度，你的饮食也不会对血液酸碱度造成影响。

但需要大家注意的一点是：血液的pH维持在7.35～7.45，细胞才能正常工作。其中最重要的原因是，人体内的所有蛋白质都需要保持特定的几何结构，才能发挥相应的功能，而体液酸碱度的任何微小变化都会改变蛋白质的几何结构。

当别人告诉你要"碱化血液"时，他们的意思是你应该多吃一些"碱性食物"。原因是我们日常吃的大多是精加工食物，如精加工的白面粉和糖在体内都会代谢为酸性物质。如果你常年吃这种"酸性食物"，就会影响体液酸碱平衡的稳定性，继而造成一些健康问题。一般来说，大多数蔬菜和水果都是所谓的"碱性食物"，而大多数谷物、动物食品和高度加工的食品都是所谓的"酸性食物"。但最健康的饮食方式就是什么都吃一点，保证碳水化合物、脂肪还有蛋白质的均衡摄入。接下来，我们就来看一下这三种营养物质。

碳水化合物与大脑功能

碳水化合物是由碳、氢、氧这三种元素组成的化合物。葡萄糖就是一种常见的碳水化合物。成年人的大脑对能量的需求非常大，需要持续从血液中摄取葡萄糖。大脑是葡萄糖的主要消耗者，它的重量仅占人体的2%，却要消耗20%的能量，主要用于神经信号的分析和处理。

也就是说，大脑的正常运转需要消耗大量葡萄糖；一旦葡萄糖供应不上，我们很快就会失去意识，陷入昏迷。而且我们只能从饮食中摄取葡萄糖。不幸的是，人类在进化的某个阶段失去了将脂肪转化为葡萄糖的能力。所以当你早上起来的时候，机体处于长时间没有进食的状态，大脑希望你能补充大量的葡萄糖或其他简单的碳水化合物，比如一个甜甜圈。

所以有的时候，你的大脑想要的不一定对你的身体有益。甜甜圈就是一个例子。想象一下，现在是清晨8点，你正在开车去上班。在此之前，你已经吃了一顿丰盛的早餐，有一杯黑咖啡、两个鸡蛋和一片培根，但是你仍然觉得很饿，无法集中注意力。为什么会这样？因为你的大脑此时的需求并没有得到满足，它需要的是糖分，而你的早餐的主要成分是蛋白质。在前一天晚上吃完晚餐后,你的机体就再也没有进食任何食物,你的血糖水平下降到较低的水平。从大脑的角度来看,糖分是必不可少的,它会通过各种途径"说服"你尽可能地进食碳水化合物。这是因为人体大脑中数十亿的神经元需要持续的糖供应来维持它们正常的信息交流和整合工作。神经元在缺少糖分供应后的数分钟内就会凋亡。因此,从上一次进食开始,随着时间的推移,体内的血糖开始下降,你就会开始想要吃东西,最好还是一些甜的东西。总而言之,就是大脑认为糖分的存在是理所应当的,没有了糖,它就会产生渴望的感觉,并开始驱使你寻找食物,比如在自动贩卖机上购买雪糕或棒棒糖。甜品店和奶茶店这么受欢迎是有原因的,你可以把它归咎于下丘脑进食中枢的神经元。如果你的大脑并不喜欢甜甜圈,那么甜甜圈店就不会那么密集地分布在你上班的路上了。

葡萄糖除了作为能量供应者,在进入大脑后,还会代谢为一种非常重要的神经递质——乙酰胆碱。无论是我们的学习记忆过程,还是注意力和情绪的调节,抑或是我们的运动过程,都会受到乙酰胆碱的影响。在神经细胞中,乙酰胆碱是由胆碱(从食物的代谢过程中产生)和乙酰基(从葡萄糖的代谢过程中产生)合成的。我们通常会从食物中摄取卵磷脂,进而得到胆碱。卵磷脂在很多烘焙食品中都能找到,比如甜甜圈和纸杯蛋糕,通常会添加到巧克力里面。因此,早上起来吃一个巧克力味的甜甜圈既能满足大脑的能量供应需求,也能给你提供专注学习新事物的动力。但你早上吃的鸡蛋和培根并不能让你的乙酰胆碱能神经元做好准备来进行新一天的思考和学习。在一天的时间里,你的大脑消耗的能量相当于10个甜甜圈所含有的糖分。所以,明天早上,你最好吃一个甜甜圈,因为这是你的大脑想要的。

"好"的脂肪和"坏"的脂肪

我们需要摄取的第二种营养物质是脂肪。脂肪在人体中占据着比其他器官更多的空间。在远古时代,我们的祖先需要储备脂肪以应对食物的短缺。脂肪能够迅速改变其体积大小,尤其是皮下脂肪,它不会受到体积限制,所以能够很好地适应机体的营养状态。我们通过脂肪储备来应对将来可能出现的食物短缺,从而提高生存的机会。

人体的脂肪主要分布在皮下和重要脏器周围,以保护机体免受感染和创伤。细菌和真菌感染脂肪组织的情况很少见;同样,癌细胞浸润脂肪组织的情况也很少见,这可能和局部高浓度的脂肪酸有关系,因为脂肪酸对病原体和非脂肪细胞来说是致命的。另外,脂肪对体温的调节也起重要作用,它能防止热量散失,起到隔热的作用。其中,位于肩胛骨之间的特殊脂肪组织——褐色脂肪还能主动产热。脂肪的第三个功能就是为肢体提供缓冲保护作用,减少肘部和膝盖等屈曲部位的压力,防止这些部位的皮肤发生破裂。

步入中年时，我们的脂肪含量会增加并且重新分配。它会从皮下转到重要的内脏表面，表现为腰围的增宽。更糟糕的是，随着年龄增长，人体的脂肪组织会重新分配到骨髓、肌肉和肝脏中。这种皮下脂肪的丢失往往与代谢综合征的发生发展相关，比如出现葡萄糖不耐受、胰岛素抵抗、内脏肥胖和高血压等症状。若这些症状出现在老年人身上，就会损害他们的心血管功能并且加速认知能力的下降。我们中的一些人在更早的年龄以更快的速度出现了这些症状，当这种情况发生的时候，它就与寿命缩短有关了。

并非所有的脂肪堆积都会有类似的表现。例如，内脏脂肪比皮下脂肪更容易引起炎症。现阶段，科学家认为肥胖和衰老都与全身慢性炎症和胰岛素抵抗有关。另外，肥胖引起的脂肪功能障碍被认为会加速我们的正常衰老进程。进一步说就是，肥胖加速了我们器官的衰老，使我们更容易患上老年人常见的疾病。但你不要觉得只有肥胖的人才会这样。实际上，如果体格瘦小的老年人的内脏脂肪多于皮下脂肪，也会增加死亡风险。

抽脂术对大脑的益处

肥胖，尤其是腹部脂肪过多，会增加患上许多疾病的风险，包括糖尿病、动脉粥样硬化，尤其是癌症。此外，与腹部脂肪过多相关的许多炎症反应会产生细胞因子，直接损害认知功能。世界上的许多实验室,包括我自己的实验室在内,都记录了能解释过多脂肪如何损害大脑功能的分子机制。还有更糟糕的,腹部脂肪过多最终会增加患阿尔茨海默病的风险。

如果将这些有害的脂肪细胞移走会发生什么呢?运动可以使脂肪细胞变小,但只有抽脂术才能真正地把它们从体内拿掉。为了弄清这个问题,最近有一群科学家利用肥胖和体重正常的小鼠巧妙地设计了三组实验。首先,迫使一组肥胖小鼠在跑步机上锻炼。与数百万拥有跑步机的人不同,这些小鼠除了跑步别无选择。不出所料,日复一日的跑步锻炼可以减掉腹部脂肪,减轻这些小鼠体内的炎症反应,并从细胞水平上显著地改变了它们大脑的运作方式,从而大大改善了它们的记忆。在一项平行研究中,科学家通过外科手术从一组相似的肥胖小鼠身上切除了脂肪垫,也就是对它们实施了一场标准的抽脂术。结果与在跑步机上跑步的结果一样:炎症反应减轻,小鼠变聪明了许多。这些发现证实了许多近期研究的结果,就是脂肪细胞能损害脑功能并加速衰老。然后,这群科学家做了一件非常令人震惊的事:他们把脂肪垫移植到了正常的、有健康体重的小鼠身上。脂肪细胞带来的影响立刻显现:小鼠大脑和身体的炎症迹象增多了,它们的大脑在结构和功能上发生了不利的改变,导致记忆力下降(也就是说,小鼠变笨了)。

如今,涵盖众多医学学科的大量科学证据有力地证明了,肥胖会加速衰老,损害整体认知能力,并最终参与许多导致死亡的过程。之前提到的小鼠实验表明,简单地移除多余的脂肪细胞也能产生显著的健康益处。

相比之下,切除内脏脂肪并不容易,唯一可行的办法还是少吃。热量限制是唯一经过科学证实有效的饮食干预,可以减缓衰老并改善总体健康状况。我们很少听说这个方法的原因是,没有人想通过少吃食物而获利。

改善大脑功能的膳食脂肪

我们有一个富含脂肪的大脑,脂肪在大脑功能中起许多重要作用。在过去,很少有人关注膳食脂肪对我们精神状态的影响。而最近的研究显示,通过控制膳食脂肪来治疗或预防认知功能障碍是有可能的。

近期的一项研究比较了来自橄榄油和菜籽油中的单不饱和脂肪与来自肉类、鱼及植物油中的多不饱和脂肪对细胞生化和电生理改变的影响,这些细胞存在于大脑中与学习和记忆相关的区域。2个月后,富含单不饱和脂肪的饮食(通常是指地中海式饮食[1])改变了大脑的化学成分,从而提高了学习能力,延缓了与年

---

[1] 这种特殊的饮食结构强调多吃蔬菜、水果、海鲜、豆类和坚果类食物,其次才是谷物,并且烹饪时要用植物油(含不饱和脂肪酸)来代替动物油(含饱和脂肪酸),尤其提倡用橄榄油。——译者注

龄相关的认知功能减退，降低了患阿尔茨海默病的风险。这些发现支持在我们的饮食中添加菜籽油、橄榄油和含有Ω-3脂肪酸的鱼油，并进一步证明合理的营养选择对最佳的大脑功能和良好的心理健康至关重要。然而，Ω-3脂肪酸对大脑的益处真的像许多人说的那样吗？

对Ω-3脂肪酸益处的质疑

Ω-3脂肪酸是鱼油和亚麻籽油中的关键成分，是一族天然的脂肪酸。其中的三名成员α-亚麻酸、二十碳五烯酸（eicosapentaenoic acid，缩写为EPA）和二十二碳六烯酸（docosahexaenoic acid，缩写为DHA）是人类饮食的重要组成部分。最近的一些研究得出结论称，缺乏Ω-3脂肪酸可能会影响大脑的生理机能，并增加认知能力下降的风险。从表面上看，这种说法是有道理的。毕竟，DHA在大脑中含量丰富，并参与执行许多关键功能，甚至还能提高学习和记忆的能力。

Ω-3脂肪酸在婴儿大脑的成长发育过程中扮演着多种重要角色。母亲在怀孕期间食用鱼或补充鱼油与改善婴幼儿的神经发育有关，如提高语言能力和视觉—动作统合技能，以及提高眼—手协调能力。Ω-3脂肪酸的摄入也与青少年学习成绩提高有关。有时，一些初步的研究成果能登上头条，因为这些结果看起来显而易见又十分合理，以致我们忘记质疑它的真实性。例如，最近一项在中国的研究证实了儿童吃鱼和智商存在剂量—反应关系：经常吃鱼的孩子比几乎不吃鱼的孩子智商高。作者们得出结论，提高睡眠质量在某种程度上能促进这一关系的体现。可是，这些作者没有考虑儿童饮食中是否存在其他有利成分。他们的研究过于狭隘，只关注了鱼类，因而可能忽视了其他营养成分的益处。

从食物中摄入 Ω-3 脂肪酸据说可以减缓认知能力下降，降低神经认知障碍的发病率。但问题是，到目前为止，这些临床试验要么受试患者过少，要么执行时间过短。因此，实验的结果往往有很大的波动并很可能具有误导倾向。最近，一项探索 Ω-3 脂肪酸的潜在益处的研究进行了为期4个月的跟踪调查，调查了3000名年龄在60—80岁的人。他们日常的饮食、用药和健康状况都被严密观察着。患者组和对照组在受教育程度、吸烟和饮酒习惯等方面都经过了严格的匹配。最终得出的结论是，Ω-3 脂肪酸的摄入（无论是从鱼还是从胶囊中摄入）并不会带来任何好处。该研究的意义不可低估：良好的饮食习惯远不足以为老化的大脑提供保护。

相比 Ω-3 脂肪酸对延缓认知能力下降没有好处的情况，它们对抑郁症可能存在有益影响。长期在饮食中补充 Ω-3 脂肪酸已经产生了类似于普通抗抑郁药物的抗抑郁作用。将 Ω-3 脂肪酸与低剂量抗抑郁药物联合使用的治疗方法可能有助于抑郁症的治疗，特别是对于那些对传统治疗方法产生耐药性的患者来说，也可用以减轻某些抗抑郁药物引起的剂量依赖的副作用。

越来越多的医生推荐摄入高剂量的 Ω-3 脂肪酸,因为它们具有潜在的治疗高甘油三酯血症的功效。然而,大量研究表明,这些化合物具有免疫抑制作用,可能会提高对感染的易感性,或降低身体抵御某些癌症的能力。对吧,好东西过多也是会变坏的,脂肪酸也不例外。

脂肪是如何损害大脑功能的

肥胖与高血压、糖尿病、睡眠呼吸暂停以及许多关节疾病有关。糟糕的是,即使在控制教育水平和抑郁症状的情况下,肥胖者在神经认知测验中的表现也更差。不仅如此,在怀孕前及怀孕期间吃不健康的高脂食物的女性生下的孩子,尤其是男孩,在成年后出现异常行为的风险更高,主要是焦虑症。所以医生经常提醒孕妇控制热量的摄入,并在怀孕前和怀孕期间保持健康的体重。母亲不佳的营养状况、感染以及怀孕期间的身体或心理创伤都会增加后代患肥胖症、糖尿病和精神疾病的风险。过去,人们总是担心孕妇营养不良,害怕胎儿缺乏正常发育所需的重要营养物质。而如今,人们的关注点开始转向营养过剩和肥胖以及胎儿大脑发育所面临的风险。

另一项有关孕妇肥胖的研究报告了严重的注意力不集中问题和双倍的情绪调节障碍的发生率,这种现象在出生后的 5 年内仍很明显。孕妇肥胖还会导致大脑中负责进食行为和记忆的区域出现异常。所有这些变化在男性后代中最为明显。孕妇肥胖是如何影响胎儿大脑发育的呢？这种损害还得归咎于脂肪细胞释放的炎性蛋白——细胞因子——进入了人体和大脑。母亲的脂肪细胞越多，其血液中释放的细胞因子就越多。

肥胖也会增加抑郁的可能。我们常说抑郁症是"普通的精神感冒"。这一说法表明了一些基本见解，来解释当我们遭受流感或细菌感染时为什么会变得沮丧抑郁。细菌感染可诱导人体释放细胞因子，抑郁现在被认为是由大脑中细胞因子水平升高引起的。额外的炎症还可以说明为什么许多抗抑郁药在肥胖或老年人中效果较差，因为他们的大脑中有更高水平的细胞因子。运动能在一定程度上降低大脑中的细胞因子水平，一些肥胖患者的抑郁情况有时能通过运动得到改善。总而言之，保持苗条意味着一个人能少一些抑郁，少一些病痛，更加长寿，同时更好地享受生活。

为什么肥胖会引起慢性疼痛？了解神经炎症的作用

大量研究表明，肥胖与慢性疼痛之间存在一定联系。基本上，肥胖的人比不肥胖的人更容易出现反复的疼痛。而且，疼痛程度与肥胖水平成正比。肥胖与疼痛的关系在从儿童到老年人的各年龄阶段都很显著，对于任何年龄的人来说，肥胖都是一件很痛苦的事。

现有的证据表明，随着体重的增加，疼痛的症状会加剧。这意味着人们不是因为慢性疼痛而增加体重，而是由于极度增重引起了疼痛。因此，与许多人认为的相反，疼痛水平的升高不仅仅是由于关节负荷增加而导致关节炎恶化那么简单。

肥胖是如何造成这么大的痛苦的呢？最近的一项研究表明，肥胖会通过增强炎症反应引起疼痛。事实上，肥胖反映了一种慢性全身炎症状态。这可能最好地解释了为什么肥胖和痛苦的关系如此密切。

改变这种痛苦状况的最好方法是什么呢？吃一些抗炎的食物，如鱼、坚果和豆类，可以降低体内炎症标志物水平，缓解疼痛。因此，在你真正开始减肥之前，健康的饮食就已经可以帮助减少与肥胖相关的疼痛了。如果你是一名肥胖者，另一种可以考虑添加到饮食中的强抗炎食物是藻类。

膳食藻类能减少神经炎症

螺旋藻是一种可食用的蓝藻，它们能在死水表面形成一层绿色的黏液膜，也就是池塘上的浮藻。螺旋藻中两个最具代表性的品种是钝顶节旋藻（*Arthrospira platensis*）和极大节旋藻（*Arthrospira maxima*）。人们为什么要吃它？螺旋藻是强效抗氧化剂和抗炎物质的极佳来源，它对你的大脑健康终生有益，也能使你免受肥胖的危害。

最近有一项研究调查了是否可以通过给予哺乳的母亲富含螺旋藻的食物,来治疗严重的新生儿感染。即使最初的感染经抗生素充分治疗,严重的感染以及相关的脑炎也会由于氧化应激而导致大脑的长期变化。给予哺乳期母亲富含螺旋藻的饮食可以减轻大脑的炎症,并为发育中的新生儿大脑提供抗氧化防御。这项研究的有趣之处在于,它明确表明,在哺乳期母亲的饮食中添加特定的植物性化学物质,可以减少新生儿全身性炎症对大脑和人体抗氧化系统的长期负面影响,进而消除儿童持续存在的疾病隐患。

在生命的另一端,大脑随着正常的衰老而产生炎症的现象却难以解释,而且通常很难治疗。有些神经元特别容易受到脑炎和氧化应激的影响。最脆弱的神经元之一会产生神经递质多巴胺,这些多巴胺能神经元的死亡与帕金森病有关。因此,为了预防或延缓帕金森病症状的发展,人们非常希望找到减少脑部炎症反应的方法。最近的一项研究利用帕金森病动物模型探究富含螺旋藻的饮食的有利影响。结果表明,补充螺旋藻可以防止多巴胺能神经元的死亡。尚且需要进行人类临床试验来证实这项研究结果。

鉴于炎症参与的由肥胖引起的一系列健康问题,另一项研究调查了螺旋藻对肥胖成年人的潜在保护作用。50名受试者连续3个月每天服用2克螺旋藻或安慰剂。补充螺旋藻能显著降低低密度脂蛋白胆固醇和白细胞介素-6(一种促炎因子)的水平。

不幸的是,很少有临床试验是使用螺旋藻补充剂来治疗人类神经疾病的。尽管我们目前对这些藻类的具体治疗作用所知甚少，但先前提到的初步研究成果强烈表明，在饮食中补充螺旋藻可能非常有益，尤其是对于那些爱吃很多的人来说。

暴饮暴食带来的快乐

人体有两套神经递质系统——内啡肽（内源性阿片肽）和大麻素——可让我们感受到进食过程的快乐。内啡肽能增强机体从食物中获得的感官愉悦；反过来，食用高脂肪和高糖的食物又可以促进内啡肽的释放。内啡肽不仅能让我们体验到食物的美味，还能确保我们不会过早地停止进食，但它不会影响我们进食的决定。选择性阻断内啡肽作用的药物会减少机体对高糖和高脂肪含量食物的摄入。有趣的是，这些被称为拮抗剂的药物只会降低服药者吃这些食物的欲望，却不会减少服药者的饥饿感。内啡肽主要通过减少饱腹带来的不适感来增加人体对食物的摄入量。当我们站在自助餐桌前时，很多人就会无意识地跟着吃东西，直到我们意识到自己应该停止进食，离开自助餐桌，把座位让给其他人。但这时我们发现，自己的肚子已经胀到连呼吸都感到不顺畅了，恨不得给皮带松松扣。我们为什么会停不下来呢？

神经科学家对此有很多不同的解释。部分科学家提出"摄食镇痛"理论，这其中涉及内啡肽。摄食镇痛的结果就是你不停地吃东西。即使继续进食会给我们带来不适感，我们的胃已经扩张到不能再扩张了，即使我们在公开场合下已经到了不能再解开任何扣子的状况，即使我们会为在亲戚或同事面前狼吞虎咽而感到尴尬，我们仍在继续吃东西。事实上，我们是通过向大脑和机体释放内源性阿片类物质来屏蔽过度进食带来的不适感的。我们知道，在吃好吃的东西时，比如巧克力，你对疼痛的反应会明显减弱。这也解释了为什么我们饱餐一顿后，仍然可以尽情地享受美味的甜点。我们基本上已经无法感受到继续进食的不适感了。

为什么我们喜欢过度进食？

人类的大脑在食物匮乏的年代不断进化，祖先的经验教训提醒我们：无论何时何地，只要有吃的，就要赶紧吃到肚子里。而且动物倾向于在食物唾手可得的时候进食大量食物，因为下次也许就没么容易获得食物了。此外，我们会下意识地保护自己的食物来源，尤其是当这块食物很容易被他人获取或者很容易被其他人拿走的时候。研究表明，在食物来源充沛的时候，即使食物出现变质的情况或者食物本身已经不再那么诱人，人类仍然倾向于进食更多的食物。（这对厨艺不行的厨师来说可能是个好消息。）进食的生理冲动已经超越了人类的任何想要克制的想法。即使我们知道自己会长胖，我们的机体还想继续吃。

研究表明，肥胖人群血液和大脑中的内源性大麻素（类似大麻的化学物质）水平会比较高。还记得饥饿感吗？当我们超重的时候，机体会让大脑"沐浴"在内源性大麻素的海洋中，从而产生持续的饥饿感。

内源性大麻类神经递质也称内源性大麻素，还有助于增加饮食的愉悦感。科学家发现，大麻会增加吃甜品时的愉悦感，但对我们讨厌的食物没有相关的作用。例如，如果你原先讨厌吃豌豆或西兰花，吸大麻不会诱导你喜欢豌豆或西兰花。甜品之所以能给人体带来一种满足感，是因为大脑的奖赏中心释放了多巴胺。大脑的这个区域告诉你，你的大脑喜欢甜品，希望你经常食用它。而在有大麻的情况下，同样数量的含糖食物会让大脑奖赏中心释放更多的多巴胺。也就是说，大脑的内源性大麻素系统通常会调节我们对特定事物的喜爱程度；吸食大麻只是增强了大脑的这种喜欢程度。

大脑承担的主要任务是帮助我们活下去并且传递我们的基因。进食就是大脑负责组织和控制的一种重要和必要的行为，它使我们得以生存。当大脑成功帮助机体获得足够的能量而生存下来时，它会给自己"奖励"两种强大的神经递质——内啡肽和内源性大麻素。人类的进化史塑造了我们的大脑对食物的反应方式，告诉我们什么时候应该进食，却没怎么告诉我们应该在什么时候停止进食。如今，过度摄入高热量食物已经成了发达国家的主要健康问题之一。

为什么高脂类食品这么好吃？

吃巧克力时最美妙的一点是把它含在嘴里时的那种奶油般的丝滑感。这种感觉得益于脂肪的存在。尽管人们普遍认为舌头能感受到高脂肪的存在，但科学家一直声称，我们实际上并不具备"品尝"脂肪的能力。教科书上提到我们只有品尝酸味、咸味、甜味和苦味的能力，最近还加了一种鲜味（由味精产生的味道）。近年来的研究表明，人类和其他动物的舌部有一种可以感知脂肪存在的蛋白质。如果真的有那么一种蛋白质存在，那么肯定有相对应的编码这种蛋白质的基因。而研究人员也确实证明了这种基因的存在，并发现这种基因的变异能够解释为什么有些人对食物中的脂肪含量更加敏感。

每个人舌头上品尝脂肪的蛋白质（一种脂肪受体）含量不太相同。如果你遗传了较少的脂肪受体，那么你对脂肪的敏感度会相对较低，同时你还容易变胖。肥胖的人群喜欢吃高脂肪含量的食物，这类食物的摄入量在他们的日常饮食中占很大比例。即使你没有遗传这种倾向，如果你平时也摄入了大量的高脂类食物，你也会改变自身"脂肪基因"的表达，从而减少脂肪受体的产生，继而导致你对脂肪的味道变得不那么敏感。于是，为了获得从前吃东西时的快感，你开始喜欢吃脂肪含量更高的食物。实际上，你吃了很多高脂肪食物，但是你能品尝到的脂肪味少了许多。

为什么减肥这么难？

我们中的大部分人都意识到了高脂肪和高糖饮食会导致肥胖，但是依然拒绝不了这些饮食习惯。为什么会这样？答案是这些饮食习惯实际上已经改变了大脑的功能。试想一下，大脑日复一日、年复一年地"沐浴"在脂肪和糖分中，其中控制进食的中枢神经元内基因表达已经发生了相应的改变。随着基因表达的变化，我们的大脑回路也发生了相应的变化，最终，它重塑了自己，导致我们每天摄入更多的脂肪和糖分，来满足大脑日益增长的需求。

科学家曾经认为，肥胖人群对食物成瘾的机制和吸毒人群对海洛因成瘾的机制是一样的，即食物给人体带来了愉悦的感觉，因此吃很多食物会产生非常愉快的感觉。但实际上不是这样的。几年前，科学家发现事实刚好相反：大脑的奖赏中心已经降低了它对美味食物的反应。多年的不良饮食习惯导致肥胖人群机体的多巴胺功能明显受损。因此他们摄入越来越多的糖分，以获得曾经只需要一个冰激凌或一个小甜甜圈就能带来的满足感。

这应该归咎于你的基因

我们生下来就注定会肥胖吗？答案是肯定的。很多研究表明：父母双方若都肥胖，其孩子自身肥胖的可能性是其他孩子的4倍。要想降低孩子肥胖的可能性，父母的身体质量指数（body mass index，缩写为BMI）必须小于25。当看到美味的高热量食物的照片时，相比低肥胖风险的孩子，高肥胖风险者的大脑中依赖多巴胺的愉悦中心兴奋水平高很多。也就是说，注定要变胖的孩子的多巴胺系统在面对巧克力奶昔时的兴奋度远高于以后不会变胖的孩子。

"虫子"或许能够拯救肥胖人群

假设你光溜溜地站在镜子前面，睁开眼睛，戴上一副可以"明察秋毫"的神奇眼镜，你会看到无数微小的生物在盯着你。人体的每一个细胞都有差不多两个"小虫子"寄生其中。如果你想数清楚你的体内到底有多少细胞不是属于你的（而是属于"虫子"），你会发现这个数字是以万亿来计的。你永远都不孤单。尽管我们都在关注人类的一切，如政治、战争和爱情，但实际上，这些微小的单细胞生物才是这个星球的主导物种。不管我们承不承认，就像进化生物学家斯蒂芬·杰伊·古尔德（Stephen Jay Gould）说的那样，我们生活在一个细菌时代，"从前是这样，现在是这样，将来也会是这样。"

大约在500万年前的寒武纪，自从单细胞生物进化为完全的多细胞生物，它们很快就发现了这种充分整合的优越性，并且再也没有离开过。寄居在你肠道里的上万亿"虫子"的总重量加起来有2千克左右。而且得益于你给它们提供的营养,它们还在不断增殖。当然与此同时,它们也要为生存而战,同样寄居在你的肠道内的病毒每分钟都会杀死很多细菌。细菌死后的尸体占到人类粪便干燥质量的60%。此时,你应该知道你的粪便里面都有什么了吧?

现在市面上很流行益生菌。很多人认为我们可以通过某种方式改变体内的肠道菌群(数以万亿计的重达2千克的细菌和病毒),比如吃一小片只有几克重的益生菌来补充十亿个肠道细菌。这完全是胡说八道。想要通过服用这种小药丸来改变肠道菌群的平衡,就像往大海里滴一滴水,没有任何作用。除非你是因为轮状病毒感染导致腹泻的孩子,不然并没有科学依据说益生菌能让你变得更健康。另外,市面上宣传的益生菌产品很浪费钱,吃进去后在本质上和其他食物没区别,最终都会成为原有肠道菌群的养分。豆类、梨和坚果都含有益生元。所以说,如果你想要改善肠道菌群的平衡,只要调整你的饮食习惯就行。

细菌和病毒将它们的命运跟我们联系在一起,影响着我们的健康状况和患病的可能性。随着人类和微生物的共同进化,我们已经建立了一系列准则来保证我们跟这些"同居者"保持着良好的关系。但是就像你可能会遇到一个奇葩的室友一样,这些微生物可能会与我们作对,它们对脑功能的影响可能是深远的,因为它们在我们体内也会"遇上"我们摄入的食物或药物,也会受到这些外来物的影响。另外，肥胖还会导致机体内的菌群失调。为什么呢？因为在机体脂肪沉积增多时，另一种细胞——巨噬细胞——会镶嵌在我们的脂肪之间。巨噬细胞是人体免疫防御系统的一部分，当它被脂肪细胞包裹时，会释放一些化学物质损害机体调节葡萄糖和脂肪代谢的能力，同时降低机体对胰岛素的敏感性。这种状况也称为代谢综合征。

那么怎样才能抑制这些巨噬细胞的活性呢？这就要依赖一种叫作嗜酸性粒细胞的白细胞。体内的嗜酸性粒细胞越多，巨噬细胞带来的负面效应降得越低。诱导机体产生更多的嗜酸性粒细胞的最佳方式之一就是让你感染上寄生虫。加州大学旧金山分校的几位科学家发现，当食用高脂肪食物的肥胖小鼠感染上寄生虫后，它们体内的脂肪含量会有一定程度的减少，而且对葡萄糖的耐受性恢复了正常。或许你觉得这种方式听起来很恶心，但是你要记住，其实你的体内本身就含有很多微生物，多感染一种寄生虫会让你减掉很多脂肪，也就是很多的"肥肉"。不久之后，你可能就会习惯腹部因为体内寄生虫不断吸食脂肪而产生的微小波动。同时，这些科学家还发现，寄生虫只需要在你的肠道里待一周，就能激活嗜酸性粒细胞发挥作用，最终达到减肥的目的。这项研究还对目前发达国家面临的国民肥胖问题产生了深远的影响。从远古时代开始，人类就和许多不同的寄生物种共同进化，到今天，我们体内依旧存在这些共同生活的"邻居"。此时，如果我们再邀请一条寄生虫进入我们体内，它就可能成为人类自旧石器时代进化得来的新的饮食计划的一部分。

你的大脑与你肠道里的菌群是共生关系。你吃什么,它们就吃什么。事实上,它们也擅于适应我们的饮食习惯。如果你摄入过量的碳水化合物,它们就会调整自己的数量,产生更多的细菌来代谢糖分。为了报答我们对它们的"喂养之恩",肠道菌群会采用各种方法帮助我们的大脑正常运转。在过去几年的研究中,科学家越来越确信:没有这些菌群,人类永远不可能进化到目前的认知水平。我们的大脑严重依赖这些肠道菌群代谢产生的各种化学物质。例如,如果没有这些肠道微生物,我们的大脑就无法分化出功能完善的血清素能神经元,而血清素能神经元在控制情绪方面发挥着重要作用。肠道菌群的失调会导致一系列疾病发生,包括心脏病、肠道炎症、高胆固醇血症、肥胖以及癌症。最近的一项研究发现,肠道菌群不喜欢我们摄入过多的盐分,在此之前,临床医生一直想知道为什么高盐饮食会损害正常的脑功能。显然,长时间的高盐饮食习惯会导致炎症蛋白的增加,直接损害大脑的功能。基于近期的这些发现,我们很容易理解为什么肠道菌群的平衡会影响我们的生理和心理功能。

例如,毛螺菌属的肠道细菌可以通过分泌丁酸来帮助人类预防结肠癌。由于丁酸具有减少肠道炎症的作用,它对溃疡性结肠炎和克罗恩病的患者也有一定的好处。有意思的是,一些在市面上流行的巧克力和帕尔玛奶酪中也含有丁酸,散发着相同的味道。好了,我知道你现在一定很想去比较一下巧克力和帕尔玛奶酪的味道。

在通常情况下，我们会与共享人体的数以万亿计的微生物和谐相处。我们应该感激这一点，因为它们的数量比人类多得多。在一般情况下，我们都希望微生物能够远离我们的大脑，但不幸的是，有些微生物就是不听从我们的建议，非要跑到我们的大脑中，尤其是一种被称为弓形虫的单细胞寄生虫。你以前可能听说过这种寄生虫，因为它被认为与接触猫的粪便导致的各种疾病及肿瘤相关，而且弓形虫到处都是。统计学调查显示，你和我可能都已经被感染了，只是还没有意识到。毫无疑问，弓形虫在你大脑中的存在会影响你的行为。事实上，我们人类的进化可能在很大程度上要归功于这种寄生虫在过去几十万年里对我们大脑的影响。弓形虫的基因表达会促使大脑分泌更多的多巴胺。感染弓形虫的人所产生的症状在很多情况下都与脑内过多的多巴胺含量相关。例如，感染弓形虫的男性往往更外向、更好斗、更多疑、更容易嫉妒。相比之下，受感染的女性往往更热心、更随和、更不容易嫉妒或怀疑。然而，与未受感染的女性相比，感染弓形虫的女性更容易尝试和完成自杀。

科学家认为，这种寄生虫从人类出现之初就已经寄生在人类的大脑中了，影响着人类的行为。它的存在会使人更容易患精神分裂症，甚至好战。感染弓形虫是否会让一部分人更容易争辩过另一部分未受感染的人？

有自杀倾向的大脑

很多因素都会导致人们出现自杀的想法（有想法）或自杀的行为（有行动）。我们常说的自杀风险因素，如抑郁、情绪低落等精神疾病和冲动念头都可以很好地预测人群的自杀倾向，却很难判断一个人到底会不会出现自杀行为。另外，减少对疼痛、受伤以及死亡的恐惧会增加一个人出现自杀行为的概率，以及加速从萌生自杀念头到实施自杀行为的进程。

美国平均每天会出现120例自杀成功的案件，70%都是白人，且多数是中年男性。在成功自杀的人中，有50%的人选择用枪支结束自己的生命，且大多数是男性，他们认为枪支十分有效。与枪支的这种确切的自杀效果不太一样的是，每年会有成千上万的美国人试图吸入过量的一氧化碳来结束自己的生命。他们通常会选择停放在自家车库里的车为自杀地点。例如，在1996—2003年，在发生于犹他州的致命性一氧化碳中毒事件中，有70%都是自杀引起的。事实上，随着《清洁法案》（*Clean Air Act*）对机动车二氧化碳排放标准的严格规定，以及用于处理汽车尾气的催化转换器的广泛使用，一氧化碳导致的自杀成功案例已经有所下降。最近的一项研究检测了一个标准大小的车库在20分钟后的一氧化碳水平，发现没有催化转化器的汽车产生的一氧化碳浓度为253/1 000 000，而装有催化转化器的汽车产生的一氧化碳浓度仅为30/1 000 000。因此，对机动车尾气排放的控制大大降低了一氧化碳相关自杀的成功率。尽管目前每年都有成千上万的人试图用这种广为人知的方式自杀，但是他们存活下来的可能性也增加了。

自杀未遂的人会因为急性一氧化碳中毒导致大脑相关神经中枢的损伤而出现严重的心理健康问题，比如海马体的神经元和基底神经节的神经元坏死，前者负责学习和记忆能力，后者负责机体的运动能力。这些神经系统的损伤往往会在一段时间后继发于一氧化碳中毒引起的氧化应激和脑炎。大脑很脆弱，因为它对氧气的需求很大，而一氧化碳富集的血液不能提供足够的氧气。在自杀失败后的最初几天和几周内，人会出现头痛、头晕、昏厥和失去知觉的现象，接着出现严重的中毒症状，癫痫发作。几周后，幸存者通常会出现明显的学习和记忆障碍，类似帕金森病的运动障碍、抑郁、精神病，甚至是神经认知障碍的症状。神经症状出现的种类和严重程度取决于大脑内缺氧的位置和缺氧程度。

对这些患者通常有两种治疗方法：第一种是高压氧舱治疗；第二种是服用一种常用于治疗阿尔茨海默病的药物——多奈哌齐（Aricept），其作用机制会在第三章进行讨论。这种药物的疗效反过来告诉我们，一氧化碳中毒会导致释放乙酰胆碱的神经元损伤。而多奈哌齐能够增强这种神经递质在海马体和额叶的作用。最近的一项研究发现，一氧化碳中毒的幸存者脑内尼古丁受体的数量也减少了。对于乙酰胆碱作用机制的进一步了解有助于临床医务人员更好地治疗自杀幸存者和经历过严重脑外伤的患者。

"受伤的大脑"应该吃些什么？

你刚刚经历了头部创伤，你的大脑即将发生一系列变化，这些变化将给你带来短期和长期的负面影响。你成了美国每年会出现的170万例创伤性脑损伤（traumatic brain injury，缩写为TBI）患者中的一员。TBI是由指外力撞击导致意识丧失、暂时性记忆丧失以及精神状态改变等一系列大脑功能的改变。

梅奥诊所（Mayo Clinic）的一项研究发现，有1/3的大脑出现病理性改变和慢性退化性疾病症状的患者曾经参加身体对抗性运动。很多大众媒体都报道过，橄榄球运动员退役后出现抑郁症的风险是常人的3倍，而且会出现一系列认知障碍状况。事实上，所有的运动员，尤其是年轻的运动员，在职业生涯中反复经历的脑震荡都会增加患认知障碍的风险。

在发生TBI后的数小时、数天和数周内，一系列继发的生化改变会导致脑损伤区域的渐进性功能退化。这些退化现象有很多和老年人的正常老化过程相关，所以科学家对此也有较为深入的研究。其中，最早出现的一个变化是大脑内神经元的线粒体功能发生障碍。神经元需要消耗大量能量，而线粒体恰好负责能量的产生，所以线粒体功能障碍会对神经元造成巨大的影响。线粒体的损伤还会导致氧化应激现象,即体内的氧化还原平衡失调,此时我们吸入的单个氧原子会对大脑产生毒性。之后,氧化应激会诱发脑炎,从而导致一系列退行性病变,尤其是在 TBI 出现后的几年内。TBI 造成的三类病理改变——能量供应中断、氧化应激反应和长期的大脑炎症——是癫痫、睡眠质量下降、抑郁、冲动、易怒和认知能力下降的病理基础。虽然目前还缺乏有效的治疗方法来缓解这些生化反应,但研究人员已经充分了解了食物中特定的化学物质是如何针对氧化应激和大脑炎症造成负面影响的。

最近基于一些动物模型的研究发现,在食物中加入某些维生素和矿物质可能会减轻 TBI 的远期不良影响。但我并不会建议大家补充大剂量的营养素。我在这里列出了这些营养素的饮食来源,通过天然来源获取营养素总是最有效的,而且相当便宜。维生素 B(火鸡肉、鸡肉和金枪鱼等白肉)、维生素 D(大多数乳制品和富含脂肪的鱼类,如鲑鱼、金枪鱼和鲭鱼)和维生素 E(坚果、菠菜和红薯)可以改善反复脑震荡造成的认知功能障碍。

镁和锌都在 TBI 后被耗尽。持续 4 周补充锌元素可以减轻 TBI 小鼠模型出现的大脑炎症和神经元坏死现象,同时减少抑郁和焦虑的症状。镁和锌都可以通过食用坚果、植物果实、豆腐、小麦胚芽以及巧克力获得。在动物实验中,研究人员发现无论是 TBI 前还是 TBI 后,补充 Ω-3 脂肪酸——DHA 和 α-亚麻酸——都可以对神经起保护作用。因此参加身体对抗性运动项目的人会想要把这些脂类添加到他们的日常饮食中。但是,不要把钱浪费

在 α-亚麻酸或 DHA 补充剂上,食用富含脂肪的鱼类、亚麻籽、菜籽油、大豆、南瓜子、豆腐和核桃就很容易补充足够的量。

萝卜硫素(sulforaphane)在啮齿动物模型中被证实可以改善血脑屏障的完整性,减少脑水肿,提高认知能力。它可以通过食用孢子甘蓝、西兰花、卷心菜、菜花、羽衣甘蓝、西兰花芽、芜菁和水萝卜等食物获得。最近,科学家在一项随机对照研究中发现,松树醇(enzogenol)可以改善 TBI 患者的认知能力。松树醇是一种从松类植物的树皮中提取的水提取物,含有大量的原花青素。再次强调,不要浪费你的钱去买相关的补充剂,原花青素完全可以从葡萄、苹果、红酒、蓝莓、榛子、核桃和开心果中获得。

通过饮食进行抗氧化治疗和减轻炎症的相关研究正逐渐成为 TBI 患者的理想选择。但遗憾的是,目前关于这方面的临床试验还比较少。前期的研究已经清楚地表明,一个人在脑损伤后摄入的食物会对其产生重要的长期影响。

吃多少很重要

美国全国广播公司的热门电视节目《减肥达人》(*The Biggest Loser*)里的好莱坞明星教练鲍勃·哈珀(Bob Harper)曾认为,要想减肥,多锻炼就足够了。但在帮助许多重度肥胖的客户减轻体重之后,他发现:运动不是关键,一个人的饮食才是最重要的。

鲍勃·哈珀不仅帮助他的客户实现了个人目标并获得了减肥成功的幸福感，还在帮助他们活得更长寿、更健康。研究人员最近比较了调整饮食和锻炼对降低超重或肥胖女性体内炎症水平的影响。经过12个月的研究，科学家最终得出结论，只有调整饮食，才能最大限度地减轻体重并降低炎症蛋白水平。参与运动项目的女性体内的炎症蛋白并没有减少。实际上，除非你是一个马拉松运动员或者游泳运动员，否则你的肌肉不会是消耗热量的主要组织器官。

一批年龄相当于人类的中年或者老年的猴子被人为地控制了饮食，长达15年，它们每天只能摄入相当于不受控制情况下的70%的热量。就像人类每天正常可摄入大概8300千焦的热量，减少30%的热量摄入即是每天减少2500千焦的热量摄入。跟踪研究发现，这批猴子的大脑发生了明显的变化，患上与年龄相关疾病的风险大大降低，同时几乎没有糖尿病的迹象，也几乎没有出现与年龄相关的肌肉萎缩现象，寿命也长了许多。最重要的是，这些猴子并不是通过锻炼来减轻体重的，它们只是摄入了更少的热量，这和鲍勃·哈珀的结论相一致。

简单地说，在众多干预饮食的方法中，限制热量的摄入是唯一有效又科学的方法。因为限制热量摄入既可以延缓衰老、降低患癌风险，又可以改善健康。同时，限制热量摄入可以减少开支——因为食物上的开销变少了，我们也不必再频繁购买网球鞋、运动服或办理健身房会员了。总之，越早减重，我们的大脑和身体就能越早恢复到原状。总之，限制热量的摄入可以完美地控制体重。

食物的杰纳斯效应
（由于进食而引起能量消耗增加的现象）

我们吸入的氧气会参与食物的代谢。而决定大脑和身体状态的，恰恰是我们最赖以生存的两种本领：呼吸与进食。这两种活动确实贯穿生命的始终，并且伴随物种数亿年的进化时光。

和地球上的大多数动物一样，人类也是通过分解摄入的脂肪、糖和蛋白质的碳键，来供给生命活动所需的能量的。事实上，这个过程中能量转化的效率很低，因为食物中的大部分能量都以热量的形式流失了。食物分解后，体内会残留代谢后的碳原子。那么，机体是如何利用碳原子的呢？20亿年前，类似于线粒体（一种为机体绝大多数细胞提供能量的细胞器）的单细胞生物会将代谢后剩余的碳原子与已经存在的氧结合，生成一种名为二氧化碳的气体。在此后的进化过程中，我们与这些单细胞生物的后代——线粒体——形成了共生关系，并通过以下方式获得能量：我们通过摄入脂肪、糖和蛋白质来获取碳键，然后获得能量，排出二氧化碳和水蒸气。

因为氧有很大的细胞毒性作用，所以机体利用氧的过程是十分精确的。科学家最近研究发现，在从酵母菌进化到人类的数百万年中，控制能量代谢的基因是高度保守的，也正是这些基因影响着衰老的进程。从本质上讲，细胞内线粒体的氧化供能越好，我们就越健康。破坏这一氧化供能过程会严重损害机体。

其实，细胞的需氧量是靠血液中的血红蛋白调节的。血红蛋白所携带的氧刚好足以支持细胞代谢，却不会产生强烈的细胞毒性。在进化过程中，机体的细胞还拥有了抗氧化系统。因此，不发生意外的话，限制热量的摄入，我们就可以长命百岁。但大多数人并没有那么幸运。我们依然持续摄入能量，不停呼吸，无法避免氧化的危害。因此，我们的身体和大脑还是会不停衰老。

在机体正常衰老的过程中，我们仍然在进食和呼吸，机体内的线粒体会产生一种叫作氧自由基的组织破坏分子。自由基并不总是有害的，但是随着年龄的增长，它在体内的含量越来越多，逐渐淹没了我们体内天然的抗氧化系统，破坏我们的神经元和机体内几乎所有的细胞。近期的一项研究发现，这些氧自由基的过量产生可能会促使癌细胞的转移并在体内四处游走。在这个过程中，机体内每个细胞中的线粒体作为动力装置提供细胞新陈代谢的能量，但同时又在伤害着细胞本身，这听起来有点不可思议。研究结果表明，每个物种存活的最大寿命可能取决于每个细胞内的上百个线粒体会产生多少自由基。从这个角度来看，我们就是自己最大的敌人。除非你听从妈妈的建议，多吃水果和蔬菜。

吃蔬菜和水果延缓大脑衰老

科学家有时会告诉我们一些大家已经相当确信的事情。尽管如此，得知我们所相信的事确实正确总是好的。一组科学家调查研究了坚持吃13年的蔬菜和水果，是否真的能防止认知能力下降这一在人类衰老过程中会正常经历的事情。答案是：确实如此。接下来将详细介绍这是如何被证实的。

约有2500名受试者完成了实验，并充分达成了所有的饮食计划和认知水平评估。这些受试者在最初参与这项为期13年的实验时都处于45—60岁，他们被要求严格仔细地记录自己的日常饮食。在研究的开始和结束阶段，研究人员对受试者的各种认知能力进行了评估，包括非文字记忆、更高级的执行能力（比如决策力和思维灵活性等），以及其他多种测试。结果有好有坏。

首先，他们的饮食由多种蔬菜和水果构成，但土豆、豆类和干果除外（因为这些食物会引发可能干扰实验结果的特定并发症）。受试的成年人被分为不同的饮食小组：富含叶酸的蔬果组、富含 β-胡萝卜素的蔬果组、富含维生素 C 的蔬果组以及富含维生素 E 的蔬果组。每个人摄入的特定营养素——叶酸、β-胡萝卜素、维生素 C 和维生素 E——被严格监控着。受试者可以决定每天规定食物的摄入量，因此，每日摄入的各营养物质含量是不同的。这是为了更贴近现实生活中大多数人的日常选择。在研究的最后，科学家发现吃水果和蔬菜对大脑功能的不同方面有着不同且显著的有利影响。当进一步对特定食谱进行研究时，科学家发现只吃水果或只吃富含维生素 C 和维生素 E 的水果和蔬菜时，只对言语记忆有好处。这项测试要求受试者记住 48 个单词，然后分心一段时间后回忆这些单词。令人惊讶的发现是，吃蔬菜和水果的人在其他类型需要记忆力的任务中没有体现明显的优势，比如学习操作技能或识别熟悉的物体。显然，一个人饮食中的每种成分都可能以特定的方式影响大脑的运转。

在水果、种子、豆类和蔬菜中发现的天然抗氧化剂（如多酚），通过参与各种生物活动为大脑提供保护。多酚类物质在自然界含量丰富，已经在超过 50 种不同的植物和超过 8000 种植物性提取物中发现了它们的存在。很明显，研究这些天然化学物质的多种健康益处是一项巨大的挑战。例如，摄入多酚类物质与心血管疾病的发病率呈反比。目前研究得最透彻的多酚类物质大概是在苹果、茶和洋葱中发现的槲皮素，还有在葡萄皮里发现的白藜芦醇。葡萄利用白藜芦醇抵御真菌。

茶中含有多种对神经退行性疾病有益的化学物质，服用茶提取物可以减少突变蛋白的产生，并可能防止阿尔茨海默病神经元的死亡。尽管茶不能用于治疗阿尔茨海默病，但鉴于其安全性和潜在的长期功效，茶的使用肯定是合理的。通常来说，老年人对茶、巧克力和红酒的摄入量与认知障碍的发病率是呈反比的。最近的一项流行病学研究还发现了另一个好处：喝茶的人往往比喝咖啡的人瘦。

最近，一个多年来试图减肥的朋友告诉我，她的新食谱要求她只吃肉类。当我问她是否也吃水果时，她回答说水果含糖量高，因此不属于她健康饮食的一部分。这就是最新流行的饮食方法共同推荐的——避免一切形式的碳水化合物。戒糖确实存在许多好处，但倘若这种方法要求将水果也排除在外，你可能会错失一些对长期健康有益的重要营养物质，其中之一就是我想说的熊果酸。

熊果酸存在于苹果（主要是果皮）、蔓越莓、西梅、接骨木花、罗勒、覆盆子、薄荷、迷迭香、百里香以及牛至中。尽管大量的研究已经证明这种化学物质能够抑制各种癌细胞的生长，但这并不是我在这里提到它的原因。食用含熊果酸的水果和香料可能也会增强大脑功能，减轻肥胖随着年龄增长给大脑带来的负面影响。研究表明，熊果酸可以通过增加大脑和身体对胰岛素的敏感性来改善认知功能。其生物学机制已得到较好的研究，熊果酸似乎可以纠正长期肥胖引起的代谢异常。我们面临的挑战是弄清楚为了达到这一效益需要摄入多少苹果、西梅和蔓越莓。这方面的人类研究还没有进行。不过，对大脑最有益的是地中海式饮食法。

如果只吃水果可以减肥吗？答案是有这个可能，这取决于你还吃了什么其他东西。那么只吃肉类而不吃水果和浆果可以减肥吗？答案是肯定的。然而，从长远来看，这么做并不明智。一项针对 16 000 名护士的研究发现，吃蓝莓和草莓可以减缓认知能力下降的速度。如果你想减肥，全肉类饮食的效果要比吃苹果、西梅和蔓越莓的效果快得多，因为后者对健康的益处要经历更长时间才能体现。实际上，因为纯肉饮食的流行时间还不够长，所以人们不足以在医学上确定其长期风险。热量限制是唯一有效且经过科学证实的饮食干预法，能延缓衰老并改善健康。我们之所以很少闻及这一方法，是因为没有人想通过多吃苹果、西梅和蔓越莓而少吃其他食物来获益吧。

素食者的饮食总是健康的吗？

我发现，大多数人在服药时都很谨慎，反而在决定吃什么上总是漫不经心。因此，一个人不太可能突然停止服药，但是很多人没有经过深思熟虑就决定不吃红肉了。这样的决定真的明智吗？

当人们食用色氨酸含量低的食物时（这种情况常发生在一个人刚开始素食时），大脑产生的血清素就变少了，人们会表现出许多抑郁的症状，如焦虑、易怒和思维困难。我看到同样的情况发生在我的许多学生身上，他们决定成为素食者，却没有考虑到营养摄入剧烈变化的后果。科学家曾认为，睡觉前喝一杯热牛奶或者在假期吃一顿火鸡大餐之所以会使人昏昏欲睡，原因是色氨酸过量。但是，目前的研究并不支持这一观点。事实上，火鸡肉里的色氨酸含量很低。但是这一主张指出了很重要的一点：我们必须使大脑中任何特定的营养物质都保持适当的平衡，以发现这些营养物质带来的效应。

一些饮食方案可能是长期有益的，众所周知，地中海式饮食可以降低患抑郁症的风险。反之，高脂高热量的饮食会导致抑郁。在一项研究中，摄入更多水、不可溶性膳食纤维、抗坏血酸、色氨酸、镁和硒的受试者总体而言情绪更好。富含豆类、水果和蔬菜的饮食，如典型的素食饮食，很容易提供这些营养。所以说，均衡的素食饮食对一个人的健康是非常有益的。当你决定吃素时，最需要考虑的是去哪里找其他人从红肉中就能获得的营养物质。在素食饮食中经常缺乏包含了氨基酸、长链 Ω-3 脂肪酸以及可让生物利用铁和锌的优质蛋白质。此外，B 族维生素会随年龄的增长而缺乏得更加严重，因此，年长的素食者补充这种维生素变得更困难。只要能满足这些营养需要，素食对健康是不会有什么坏处的。事实上，吃素对大脑（当然还有人体）有很多益处。比如，素食主义者患 2 型糖尿病的概率小得多，这可是患神经认知障碍和阿尔茨海默病的危险因素啊！

对不注意营养均衡的人进行的几项研究表明，素食者更容易患抑郁症。吃一个鸡蛋就可以减轻这种症状，对素食主义者起到类似抗抑郁的功效。与所有这些指标相悖的是一篇发表在《公共科学图书馆期刊》（*PLoS One*）上的报道，指出了一些矛盾的发现。首先，好消息是：素食与较低的身体质量指数和较少的饮酒量有关。然而，作者还发现，素食与更高的精神障碍发生率有关。这是为什么呢？有研究发现，选择素食的人常常伴发某种精神障碍。于是这些作者的结论是，素食可能增加患精神障碍的风险。当然了，患精神障碍和选择素食，究竟谁先发生，还有待考究。

别忘了调味料

我家附近的杂货店停止销售优质的玛格丽特鸡尾酒了，因为标签上说其中含有防腐剂苯甲酸钠。苯甲酸钠可以防止食物发霉，在许多食物和流行的软饮料中都能找到。饮料包装的标签声称它只含有"天然成分"。部分消费者投诉说，加入防腐剂违背了这一声明。苯甲酸钠真的是非天然的吗？当然不是。那么它真的有害吗？无论对于苯甲酸钠，还是对于食品中的其他成分来说，答案都既可以为"是"，也可以为"不是"，这得视情况而定。为了回答这个问题，我们需要看看苯甲酸钠的天然来源——肉桂。肉桂是从肉桂树的树皮中提取的香料。自古以来，肉桂就有许多用途。犹太先知摩西把它作为圣膏油的成分。中国人称之为桂枝，并将其用于抗菌和解热。中世纪医师也曾在治疗关节炎和感染的制剂中加入肉桂。我们祖先的做法显然是正确的。

如今，科学家知道了肉桂会在体内转化为苯甲酸钠，而苯甲酸钠具有强大的抗炎和抗氧化作用。这种香料的许多好处可能来源于体内的某些生理活动。苯甲酸钠常常被添加到食物和饮料中。然而，就像我们日常饮食中的许多化学成分一样，少量的苯甲酸钠是有益的，过量则可能有害。要找到这种古老香料的最佳剂量，仍需要好好研究。

最近的一项研究发现，有详细证据表明了肉桂的益处，它可以通过其代谢物苯甲酸钠对记忆形成的过程产生非常具体的影响。就像在自然界中发现的许多其他分子的益处一样，肉桂只能改善那些存在学习问题的受试者的脑功能。如果我们只关注肉桂对学习受损的受试者的影响，变化是非常显著的：肉桂可以显著改变大脑各个组成部分的基本结构——神经元。科学家发现，神经元之间的物理连接被改变了，使记忆更容易形成。

按照实验中给予动物的剂量，成比例增加用于人，大概是每天1克。我意识到这需要很多的肉桂。问题是我们吃的大部分肉桂并没有在肠道内被完全吸收：它要么被数以万亿计的细菌利用，要么被体内的酶破坏。幸运的是，从肉桂中产生的足够数量的苯甲酸钠确实能很好地穿过血脑屏障，从而进入大脑。

肉桂也被证明能在许多其他方面保护大脑。它使小鼠免受多发性硬化症的侵害，在一个帕金森病动物模型中，科学家发现它能增加大脑中保护多巴胺能神经元的化学物质，并减少了能加速大脑和人体衰老的活性氧分子的形成。食用肉桂后，体内产生的苯甲酸钠能显著增加大脑中被称为神经营养因子的各种化学物质的水平。这些因子能刺激大脑中的神经元新生，并保证现有神经元的存活。这两点对于维持大脑健康很重要。在过去的10年中，许多科学研究发现，这些神经营养因子可以预防或大大减缓大脑的各种退行性疾病的发展，包括阿尔茨海默病和帕金森病。肉桂还被证实可以降低2型糖尿病患者的血糖水平，并将其胆固醇水平降低25个百分点。因此，肉桂对大脑和身体都是有益的。当希波克拉底写下"让食物变成你的药物，而不要让药物成为你的食物"时，他很可能想到了肉桂吧。

  姜黄素是从姜黄中提取出来的，姜黄是一种粉末状的药用植物根茎，在亚洲和印度作为食品添加剂和传统草药已经使用了几个世纪。我已发表过研究表明，姜黄素具有很强的抗氧化和抗炎作用，可能对阿尔茨海默病或帕金森病患者有益。在印度，人们几乎每天都在吃含有姜黄素的咖喱。食用咖喱被认为是印度阿尔茨海默病发病率极低的原因。不幸的是，西方饮食的引入可能会破坏这种传统香料的好处。最近的一项流行病学调查发现，麦当劳快餐店在印度每开业一家，其周边30公里范围内的居民患阿尔茨海默病的概率就会显著增加。

  总的来说，解决衰老问题的办法正是母亲所告诉你的：吃得适量而健康；适度锻炼；尽量少吃牛肉。

一些真的野蛮的方式

  另一种选择是，你可以考虑"异时异种共生疗法（heterochronic patabiosis）"。这种疗法的名字听起来很复杂，但实际操作很简单，只需要简单的两步：首先找一个年轻人，之后把你的循环系统永久地连接到年轻人的循环系统上。这种相当可怕的技术在美国内战期间由波尔·伯特（Paul Bert）博士率先进行了研究。从本质上说，年轻人的血液可以让老年人恢复活力，改善大脑功能并提高全身各个系统的再生能力。对老龄小鼠的研究表明，与幼龄小鼠共享同一个血液循环系统可以减缓心脏、骨骼、肝脏和消化系统的衰老症状。相对应的，老年人共享年轻人的心血管系统也可以在一定程度逆转与年龄相关的胰腺β细胞的衰老，这也是2型糖尿病的发病基础。一系列研究表明，将老年人体内的血液成分置换成年轻健康的成分不仅可以减缓其身体和大脑的功能衰退，甚至能逆转这种衰退。但人们当前面临的最大挑战是，如何才能找到年轻人血液中保持青春和抗衰老的成分，以便在未来注射到老年人体内发挥延寿作用。其中一些成分已经被证实与抗衰老相关。比如催产素，它也被称为"信任激素"或"爱激素"，原因是当我们在拥抱或者亲吻我们喜欢的人、得到朋友的认同以及获得性愉悦的时候，体内的催产素水平会升高。最近，催产素还被认为可以帮助我们在面临生活巨变时控制生理和心理反应。这提示了我们一点：与其依附一位不情愿的青少年来恢复血液活力，不如经常敞开胸怀拥抱他人或接受他人的拥抱。

黄酮类化合物的保护作用

希波克拉底有句名言："让食物成为你的药物，而不要让药物成为你的食物。"在往后的2500多年里，科学家对于食物对人类健康产生的影响有了更深刻的理解。现阶段已经有研究证实：人类所摄入的食品，尤其是来自茶叶、咖啡、可可豆、芹菜、葡萄、杧果、浆果、啤酒花和其他谷物的食物和饮料，对大脑功能有明确的益处。虽然这些食物和饮料有相当不同的化学成分，但它们都含有黄酮类化合物。黄酮类化合物并不是一类营养物质，但被广泛认为是对人类有益的化学物质。

几十年来，黄酮类化合物都被认为是一类抗氧化植物化合物。虽然它们可以在实验室中发挥抗氧化的作用，但在人类大脑中不太可能发挥这样的效果。原因是通过饮食获得的黄酮类化合物在大脑中并没有达到足够的量，无法作为有效的抗氧化剂。那么它们是如何给人类带来好处的？

为了回答这个问题，科学家们研究了低浓度黄酮类化合物在脑内发挥的作用。黄酮类化合物可以增加神经元的可塑性，这意味着神经元之间更容易形成突触，表现为个体更容易生成新的记忆。具体的作用机制涉及对学习和记忆相关蛋白质以及酶的相互作用。黄酮类化合物还能诱导新生神经元的产生，这一过程对于遭遇头部损伤、中毒或者年龄相关疾病后个体的恢复至关重要。

另外，最近的一些研究表明，黄酮类化合物能够促进血液向大脑活动区域流动。

那么摄入多少黄酮类化合物才够呢？以我最喜欢的两种食物——葡萄酒和巧克力——为例，如果你喝了200毫升的赤霞珠干红葡萄酒，或者吃了大约50克的黑巧克力（可可含量71%），你会摄入几乎相同含量的黄酮类化合物。200毫升被认为是对成年人健康最有益的葡萄酒摄入量。若年轻女性喝了富含黄酮类化合物的巧克力饮料，她们体内流向大脑的血流量在2小时内会迅速增加，从而提升她们处理复杂问题的能力。

没有人能够确定所有的黄酮类化合物都能发挥这样的作用。但最近的研究表明，哪种食物来源的黄酮类化合物并不重要，重要的是要尽可能多吃。除了上述建议的食物外，迄今为止的研究还证实了黑浆果、梨、蓝莓、草莓和葡萄柚的益处。需要稍微注意的是，目前还没有研究证明，终生采取富含黄酮类化合物的饮食方式与逆转和年龄相关的学习或一般心理功能退化之间存在真正的因果关系。不过，我认为我们都应该相信这种联系是真实存在的，并相应地调整我们的饮食，比如多吃巧克力！

更多关于巧克力及其对大脑影响的信息

在英国耶稣会会士托马斯·盖奇（Thomas Gage）的日记中记载着这么一个故事。1648年，恰帕斯雷亚尔（墨西哥的一个城市）的妇女们策划谋杀一位禁止她们在做弥撒的时候吃巧克力的主教。讽刺的是，这位主教最后被发现死于食用放有毒药的巧克力。恰帕斯雷亚尔妇女的这种行为是盲目冲动的还是正当的？对于一小部分人来说，食用巧克力容易让人产生愤怒、偏执和狂躁。幸运的是，对我们大多数人来说，这些都不是食用巧克力后的典型反应。

为什么巧克力对一部分人来说是获得快乐的源泉，而对另一部分人来说容易导致愤怒的情绪？首先，我们需要知道市面上大部分的黑巧克力中含有什么物质。巧克力含有许多能够让食用者产生快感的成分，其中有很多成分一旦进入大脑，就会产生很强的精神活性。这会是让人们喜欢吃巧克力的原因吗？或者说这会是导致一部分食用巧克力的人容易出现狂躁症状的原因吗？答案是肯定的。但是和其他能够影响大脑的食物一样，这其中涉及的机制没有那么简单。

巧克力中通常含有脂肪成分，这可以诱导机体释放类似于海洛因的内源性分子，给食用者带来愉悦感。德国的研究人员指出，能够阻断该类内源性分子发挥作用的药物可减少食用巧克力产生的愉悦感。巧克力中还含有少量类似于大麻的神经递质，叫作大麻素，虽然这种分子能够轻易穿过血脑屏障，但是巧克力中的大麻素含量很低，不足以对我们的情绪产生影响。

巧克力还含有一些类似雌激素的化合物，这或许可以解释最近一系列文献的发现：吃巧克力的男性比不吃巧克力的男性寿命长。在女性中则没有观察到这种差别，女性在更年期以前可以维持自身稳定的雌激素供应。也就是说，雌激素不太容易导致愤怒。

让我们再回到恰帕斯雷亚尔的妇女身上。相较于巧克力对男性的影响，女性更容易提到巧克力可以提神。一项针对大学生及其父母的研究发现：14%的男大学生及其父亲，33%的女大学生及其母亲，达到了对巧克力成瘾的标准；而且女性在月经周期之前和月经期间更容易表现出对巧克力的渴望。

女性在经期开始前，同时也是体内黄体酮水平比较低的时候，食欲会显著提升，饭量也比平时大很多。这段时间常出现经前症状，而巧克力表现出了一定程度的抗抑郁作用。在一项针对50岁左右女性的研究中，研究人员观察到这个年龄层的女性经常突然产生对巧克力的强烈渴望，后来经过分析发现，其中大部分女性刚刚进入更年期，正在接受标准的雌激素替代疗法，包括20日的雌激素治疗和10日的黄体酮治疗。而对巧克力的渴望大多发生在服用黄体酮的日子里。这是为什么呢？

巧克力中含有镁盐，老年女性体内缺乏镁盐会导致绝经后常出现的"巧克力瘾"。大约100毫克的镁盐就足以缓解这部分女性的"巧克力瘾"，但有多少人会这么做呢？另外，一条标准款的巧克力含有的抗氧化剂和一杯红酒中所含的抗氧化剂一样多。所以我们很容易理解为什么无论是男性还是女性，都喜欢通过吃巧克力来获得那种丝滑、美味、愉悦的感觉。

那么愤怒又怎么解释呢？食用巧克力怎么会导致一部分人更容易发火呢？这是因为巧克力中含有一种类似苯丙胺和其他精神兴奋剂的分子，叫作苯乙胺（phenethylamine，缩写为PEA）。苯乙胺在食物中常见于一些与细菌污染相关的微生物代谢过程。食用巧克力的时候，摄入的苯乙胺会被体内的单胺氧化酶（monoamine oxidase，缩写为MAO）快速代谢掉。巧克力棒中50%的苯乙胺会在短短的10分钟内代谢掉。因此，如果不使用一种可以抑制单胺氧化酶的药物，巧克力中的苯乙胺对机体并不会产生什么影响。那么机体会出现单胺氧化酶减少的情况吗？事实上是可以的。经前期女性体内的单胺氧化酶水平处于较低水平，此时更容易产生对巧克力的渴望。

此外，巧克力中还含有少量的酪胺（tyramine），它是一种常见于植物和动物的天然化合物，此外还可以由酪氨酸形成，这也是一种能在很多食物中发现的氨基酸。酪胺能够强烈诱导肾上腺素的释放，导致血压的升高和心率的加快，并产生恶心和头痛的症状。通常情况下，酪胺的不良反应不会表现出来，因为它也是由单胺氧化酶代谢的。所以这时候你就可以看到原因所在：巧克力中的酪胺和苯乙胺会减缓彼此的新陈代谢。结果就是，如果这两种化学物质在体内停留太久，会导致个体出现高血压、心率加快、不易入睡、思维混乱、愤怒和焦虑等症状。一项颇有争议的研究称，单胺氧化酶抑制剂能够使大脑中的苯乙胺水平增加1000倍。这一改变非常大，实际导致的后果可能是致命的。对于一些对巧克力敏感的人来说,食用可可含量高的巧克力会让他们的情绪发生显著变化。

通过对于巧克力的讨论,我们发现这种源于可可豆的食品含有多种复杂的化学物质,单独拿出来考虑时,不太可能影响大脑的功能;但是综合考虑这些化学物质时,就会发现它们在机体内产生了复杂的效应。其中一些是我们希望发生的,另外一些则是我们不希望发生的。巧克力是一个很好的例子,它告诉我们区分食物和药物是一件困难的事情。在一些国家,巧克力被认为是一种强大的认知兴奋剂。2012年,著名医学期刊《新英格兰医学杂志》(*New England Journal of Medicine*)发表的一篇文章显示,人均巧克力消费量的升高和人均诺贝尔奖获得者数量的增多之间存在显著相关关系。

第 三 章

记忆、魔法和成瘾

为什么阿尔茨海默病患者会失去记忆？为什么曾经的"女巫"会以为自己能飞？为什么戒烟这么难？这些问题的答案都隐藏在乙酰胆碱的功能中：乙酰胆碱是一种神经递质，在大自然中非常普遍。乙酰胆碱是由药理学家奥托·洛伊（Otto Loewi）于1920年在英国伦敦大学学院的实验室里发现的。他的工作设备非常简陋，但是他提出了非凡的见解。洛伊和另一名药理学家亨利·戴尔（Henry Dale）凭借他们对化学性神经传递的研究共同获得了1936年的诺贝尔生理学或医学奖。乙酰胆碱不仅对高等生物来说十分重要，你也可以在单细胞生物里发现乙酰胆碱的身影：无论是像从腌黄瓜汁里提取出来的荧光假单胞菌（*Pseudomonas fluorescens*）这样的细菌，还是像阿氏颤藻（*Oscillatoria agardhii*）这样的原生生物。乙酰胆碱既可以是高等生物的神经递质，也可以帮助阿氏颤藻进行光合作用。

乙酰胆碱的作用还多得很。它刺激蜘蛛分泌蜘蛛丝，帮助蝶蝾尾巴再生。在人类神经系统里，它是神经元传递信号给肌肉细胞时所需的神经递质，帮助我们进行肌肉收缩，并在交感神经系统和副交感神经系统里有很重要的作用。交感神经系统和副交感神经系统组成了我们的自主神经系统。自主神经系统负责维持身体各项指标的稳态，平衡协调各个器官的工作。它维持我们正常的心跳频率、呼吸频率、唾液分泌水平和消化速度；决定我们什么时候想上厕所，消耗多少氧气，瞳孔收不收缩，甚至还有我们感受到多少性冲动。在我们的大脑里有数不清的与乙酰胆碱相关的神经通路，影响着皮层、海马体和许许多多区域的功能。在大脑里，乙酰胆碱的作用包括帮助我们学习和记忆新的知识，集中注意力，影响情绪，还有保持平衡。所以，任何可以影响这些与乙酰胆碱相关的神经元的药物或疾病也会影响所有这些功能。

阿尔茨海默病：一个具有代表性的例子

有的时候，我们对某一神经递质的了解来源于观察一些由该神经递质异常造成的疾病。比如，在阿尔茨海默病患者的大脑里，那些分泌乙酰胆碱并向海马体和皮层传递信号的神经元会逐渐凋亡，而我的实验室和研究团队花了超过25年来研究这些神经元凋亡造成的影响。这些神经元的凋亡使得大脑许多部位的乙酰胆碱水平低于正常水平。大脑皮层内乙酰胆碱的缺乏也许导致阿尔茨海默病患者无法集中注意力；边缘系统中杏仁核内乙酰胆碱的缺乏也许能解释为什么有些患者情绪不稳定,变得偏执易怒;而海马体中的低乙酰胆碱水平也许能解释患者急剧下降的记忆力,这也是阿尔茨海默病的典型症状。

为了更好地了解大脑内低乙酰胆碱水平造成的影响,我要首先解释一下乙酰胆碱在健康的大脑里的作用。想象一下,我把几个电极放在你的前额上,以脑电图(electroencephalogram,缩写为EEG)的形式记录你大脑的活动。接下来,我用一种很冷静的声音告诉你,我只要一摇铃铛,一个蒙面枪手就会闯进来开始射击,前提是你要相信我说的话。然后我开始摇铃铛。在图3.1中,第1秒对应的是我开始摇铃铛的时间。现在看一看对应"之前"的那条线:在我摇铃铛之后,马上就有一个电信号产生了。这个信号也叫脑电波,除非两种情况发生,否则是不会消失的:要么真的有一个蒙面枪手跑了进来(在图3.1中对应的时间点是第3秒),要么铃铛又响了一次然后你发现我骗了你,并不会有枪手跑进来。发生了任意一种情况之后,这个脑电波就会消失。这个对应着"之前"的线显示你对以为要发生的事情极其关注,这是你的大脑正在期待某事的体现。

从我的和其他人的实验室里得出来的结果显示,能从一个测量对象身上测出这种脑电波意味着这个测量对象的大脑前额叶的乙酰胆碱功能是正常的。如果一个患者大脑里的那些向前额叶分泌乙酰胆碱的神经元被破坏了,是测不出这种脑电波的,说明这个人不能正常地在重要的事情上集中精力,比如应对像一个蒙

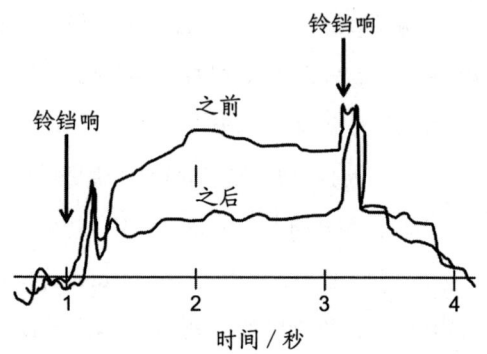

图3.1 脑电图记录了大脑额叶显示的"预期波",其中包括完整的乙酰胆碱系统(之前)和没有起作用的乙酰胆碱系统(之后)。尖锐且垂直的峰值与铃铛声开始和结束时的记录相关。

面枪手即将闯进房间这种重要的事。图3.1里对应"之后"的那条线就是在显示这样的患者的脑电波。在这个例子里,乙酰胆碱的缺乏导致不能形成一个正常的脑电波反应。这项研究结果告诉我们,乙酰胆碱的一个功能就是让前额叶神经元在关键的信息上集中注意力,提防即将到来的危险。如果乙酰胆碱的功能被破坏了,我们就不能集中注意力了。这项研究成果也在很大程度上解释了为什么阿尔茨海默病患者不能在关键信息上集中注意力,即便这些信息和即将来临的危险有关。阿尔茨海默病晚期患者几乎失去了所有向前额叶分泌乙酰胆碱的神经元,他们几乎对任何信息都集中不了注意力。

别丢弃你的铝制厨具——它们与阿尔茨海默病无关

　　铝制器具在我们身边简直无处不在。铝是地表含量最多的金属之一。但是人们一直担心使用铝制的厨具和苏打水易拉罐有危险。其实没有任何一种生物会利用铝这种元素。原因是铝的高活性使它很容易与其他金属和氧结合,形成数百种不同的矿物质。从科学角度讲,铝在大多数情况下是不能被人类利用的,虽然这与铝以什么化学形式存在有关。但是在大多数情况下,因为铝主要以矿石形式存在的,即与其他元素形成的稳定化合物,所以动物是没有机会吸收铝的。

　　植物也不会利用铝,但是它们有能力吸收铝。用来做面包和早餐麦片的谷物含有百万分之几的铝元素,而这些铝元素也是以可吸收的形式存在的。因此,吃谷物的动物身体里也有一些铝元素。所以,我们吃的牛肉里面铝元素含量高一些,大概有1/1000。这就是我们不确定铝元素是否有害的地方。我们是否应该担心食物里铝元素的含量呢?这完全取决于个人,有一些人可能会对铝元素反应更敏感。在去世的阿尔茨海默病患者的大脑里也检测到了铝元素,但其实铝盐在任何因损伤或病变而有细胞凋亡的软组织里都有沉积。所以,你也可以在心血管病患者的心脏里检测到铝元素。因此,铝元素并不会导致阿尔茨海默病。

　　那么我们该担心那些含铝的止汗剂产品吗?这些产品里的

铝盐起的作用只有一个——给汗腺造成足够的刺激，从而导致这些细胞肿胀起来，使皮肤上的毛孔关闭，来阻止汗液流出。唯一可能造成危害的是那些喷雾式止汗剂，因为我们在使用产品的过程中会不可避免地吸入一些含铝的止汗喷雾。用一句话总结就是，没必要把家里所有的铝制厨具都丢出去，它们带来的铝根本比不上我们从食物里获得的铝，因此对我们的健康没有坏处。

乙酰胆碱的合成和分泌

有些时候，一些增强乙酰胆碱功能的药物和营养素可以在一定程度上缓解阿尔茨海默病患者认知功能上的损害。为了理解这个现象背后的原因，我们首先要了解乙酰胆碱在大脑里是怎么产生的。

神经元是以胆碱为原料来合成乙酰胆碱的。我们从食物里获得了胆碱，然后从线粒体对糖的代谢过程中获得了乙酰基。这是糖对你的大脑来说很重要的另一个原因。乙酰胆碱的合成发生在神经元的细胞质中，合成产物被储存在突触囊泡里。突触囊泡是一些小而圆的包裹，是一种专门储存神经元沟通所需的神经递质的结构。神经元释放这些神经递质的时机是很有讲究的，它们一般会释放那些最新分泌的神经递质分子，不像一般超市喜欢把快要过期的产品摆在架子最前面。因此，最新鲜的产品，即最新分泌的乙酰胆碱分子最先被释放，最大化地保证了神经元之间的信号传递不出差错。

美国很多超市都会卖一些胆碱粉营养补充剂来骗轻信的消费者。这些产品宣称，如果你摄入更多的胆碱，你的大脑就会生产更多的乙酰胆碱。因为乙酰胆碱是一个对学习和记忆十分重要的神经递质，所以这种消费口号听上去确实很有吸引力。但是这背后是没有科学证据支持的。成年人的大脑只对"缺乏"某种营养成分有反应，因此不会因为某种营养成分很充裕就改变某种神经递质的分泌量。我们的大脑能从食物中获得充足的胆碱，即使食物里的胆碱含量不够，我们的肝也储存了一定的胆碱。事实上，阿尔茨海默病患者都不缺胆碱。因此，摄入更多的胆碱不会增加大脑里的乙酰胆碱含量。这么做只会加重你的肠道负担，产生一些闻上去像是烂鱼的气体，让你有很重的口气。

乙酰胆碱在被释放到突触间隙之后，很快就会被乙酰胆碱酯酶以大概每秒25 000个乙酰胆碱分子的速度分解。所以，只要稍稍抑制乙酰胆碱酯酶，就能大大地改变突触间乙酰胆碱的水平。很多不同的药物都有抑制乙酰胆碱酯酶的功能，包括一些神经毒气。神经毒气会导致突触间乙酰胆碱的水平过高，因此极有毒性。另一些药物也有同样的作用，但尚不会导致毒性，因此具有临床利用价值。毒扁豆碱是从毒扁豆（*Physostigma venenosum*）中提取的一种物质，虽然毒性很大，却是一种开给阿尔茨海默病患者的常规药物，来帮助他们提升注意力，从而记住今天发生的事情。不幸的是，这种药物的作用十分有限，而服用这种药物也不能减缓疾病的发展。从蛇足石杉（*Huperzia serrata*）中提取的石杉碱甲是另一种从植物中提取的乙酰胆碱酯酶抑制剂，现在于市场上很容易买到。若商家宣称，无论你有没有神经认知障碍的症状，这种药物都具有保护神经元的作用，或者可以改善认知功能，那是完全错误的。石杉碱甲和毒扁豆碱一样毒性极强，而且在临床上作用不大。买这种药物完全是在浪费钱，甚至还有可能把自己的命赌上。

另一方面，如果一个神经元不能释放乙酰胆碱，会发生什么事呢？从肉毒杆菌中提取的肉毒素就可以抑制神经元释放乙酰胆碱到突触间。肉毒杆菌可以在不正确包装的食品中生长。吃下去之后，我们的大脑还是很幸运的，因为肉毒素不能穿过血脑屏障，但这不意味着我们就没事了。肉毒素可以对迷走神经控制呼吸的能力造成很大的损害。迷走神经负责使膈肌收缩，从而把气体吸入肺中（图3.2）。因此，一旦你的大脑不能通过使迷走神经释放乙酰胆碱的方式控制膈肌的收缩，你就会停止呼吸，从而死亡。肉毒素是一种极强的毒素：1克肉毒素就足以杀死大约350 000人！

乙酰胆碱一旦被释放到突触中，乙酰胆碱分子就可以与细胞膜上两种不同的乙酰胆碱受体结合。当初科学家发现这两种受体分别可以结合毒蕈碱和尼古丁，所以这两种受体和大多数神经递质受体一样，分别以这些物质来命名，即分别被称为**毒蕈碱受体和烟碱受体**。大脑里的乙酰胆碱受体多为毒蕈碱受体，只有不

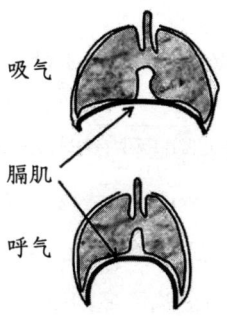

图 3.2 乙酰胆碱释放进膈肌使空气进入肺部（吸气）。膈肌的放松使空气离开肺部（呼气）。

到10%是烟碱受体。从进化上看，方格星虫（根据发现的化石判断，方格星虫在5亿年前就出现了，存活至今）、海肠、水蛭和蚯蚓的体内都已经有这两种受体了。目前没有证据显示这两种受体有进化上的联系，因为它们大小不同，结构不同，工作机制不同，但是它们都是乙酰胆碱受体。研究它们对不同药物的反应也能使我们更加了解它们的功能。有一些药物可以堵住这些受体（因此这些药物是受体的拮抗剂），有一些药物可以刺激这些受体（因此这些药物是受体的激动剂）。我们接下来就要介绍几种不同的药物。

乙酰胆碱受体拮抗剂

箭毒是一种从南美洲防己科（Chondrodendron tomentosum）和马钱子科（Strychnos toxifera）植物中提取出来的物质，来源于南美洲奥里诺科和亚马孙河盆地。箭毒是烟碱型乙酰胆碱受体的拮抗剂。箭毒不能穿过血脑屏障，因此它的作用只限于大脑之外的神经肌肉接点，即神经传递控制肌肉信号的地方。箭毒极具毒性的原因很简单：它堵住了膈肌上的烟碱受体，因此箭毒可以让人窒息而死。想象一下，你刚被一支涂了箭毒的箭射中，虽然你的意识是清醒的，但是你既不能逃走，也讲不了话，甚至最后都无法呼吸。

阿托品和东莨菪碱则是毒蕈碱型乙酰胆碱受体的拮抗剂。它们可以损害我们形成新记忆的能力，并使人十分困倦、头脑不清。高剂量的阿托品和东莨菪碱可以致命。

很多植物里含有阿托品和东莨菪碱，比如天仙子[1]（Hyoscamus niger）、曼陀罗（Datura stramonium）和风茄（Mandragora officinarum）。莨菪（天仙子）的英文名是"henbane"，其中的"bane"来源于古英语，意思是"死亡"。根据传说，以前的农民发现他们养的鸡吃了这种植物后，很快就会死去。另一种植物颠

---

[1] 别名莨菪。——译者注

茄（*Atropa belladonna*）有一个传说中的名字——"死亡阴影"。这个名字是植物学家卡尔·冯·林奈（Carl von Linné）在18世纪起的，就是为了强调这种植物的致命毒性。他从希腊神话中命运之神阿特洛波斯（Atropos）的名字获得灵感（阿特洛波斯负责把人的生命之线在特定的时间剪短，因此象征着死亡），把这种植物的属名叫作"*Atropa*（颠茄属）"。诗人和作家很早就知道了这种植物的致命毒性，也经常把这种植物写到自己的作品中。比如在莎士比亚（Shakespeare）的悲剧《哈姆雷特》（*Hamlet*）中，丹麦国王暴毙，新继任的国王对外宣称前任国王因毒蛇袭击而死。新继任的国王，也是前任国王的弟弟，在葬礼结束后仅仅几周就迎娶了前任国王的遗孀。前任国王的魂灵便出现在他的儿子哈姆雷特王子面前，并告诉他是新国王趁他午睡时偷偷往他的耳朵里倒了一小瓶莨菪毒液。在第一幕第五场里，前任国王的魂灵对哈姆雷特说：

> 当我按照每天午后的惯例，在花园里睡觉的时候，
> 你的叔父乘我不备，悄悄溜了进来，
> 拿着一个盛着莨菪毒汁的小瓶，
> 把一种使人麻痹的药水注入我的耳腔之内，
> 那药性发作起来，会像水银一样很快地流过全身的大小血管，
> 像酸液滴进牛乳一般把淡薄而健康的血液凝结起来。

使用莨菪毒液确实是十分恶毒的。莨菪里的阿托品和东莨菪碱是怎么杀死哈姆雷特国王的？为了回答这个问题，我们要把目光投向自主神经系统。我们在前面的内容里提到了自主神经系统的功能，比如它控制心跳和呼吸频率、肠道蠕动、瞳孔扩张、产生唾液和能量消耗等。自主神经系统由交感神经系统和副交感神经系统构成（见图3.3）。这两个神经系统的功能是对立的，它们之间的竞争协作保证你的身体维持着一种平衡，比如你的心脏不会跳得过快或过慢，你不会呼吸得过快或过慢，你的肠道不会蠕动得过快或过慢，等等。副交感神经系统起作用的时候，你的心率会减慢，呼吸频率下降，瞳孔收缩，唾液的分泌增加，等等。交感神经系统起作用的时候，你的心率会增加，呼吸频率加快，瞳孔扩张，唾液分泌减少（因此会在嘴里留下一种干干的、有点金属味的感觉），等等。哪一个神经系统在什么时候起作用是被大脑小心调控的，但在一般情况下，你是意识不到的。但是当一种物质（比如东莨菪碱）打破了这种平衡，你就能很清楚地感受到出问题了。

我们之前说过东莨菪碱是毒蕈碱型乙酰胆碱受体的拮抗剂。拮抗形成之后，你的身体就不能再接收来自副交感神经系统的信号了。在这种情况下，身体里的平衡就被打破了，交感神经系统也因此占了上风。因此，你的心跳加快，瞳孔扩张，唾液分泌停止，肠道蠕动减慢（导致无法排尿和便秘）。用一句话概括，就是你会感到很不舒服。虽然便秘可能会导致自杀倾向，但是这些都

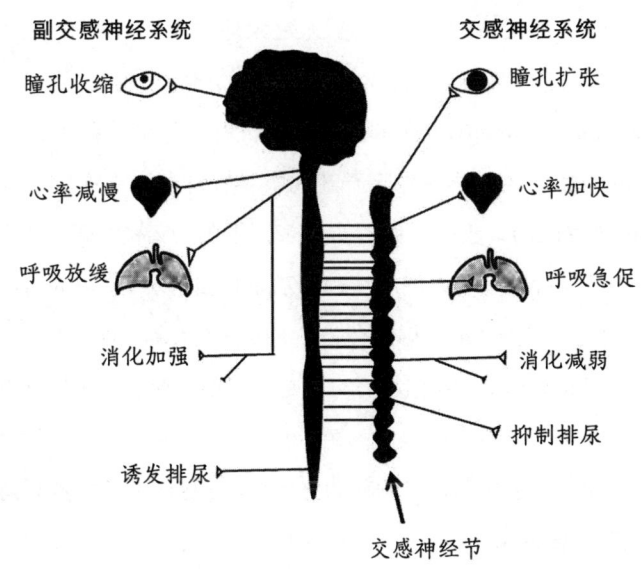

图3.3 自主神经系统的两个主要部分。副交感神经元释放乙酰胆碱。交感神经元释放去甲肾上腺素。这两个系统控制了对所示器官和功能的平衡。

不是致命的。一个过量摄入莨菪致死之人的死因一般有两种：要么是莨菪在大脑里引起了一系列变化后，导致大脑不能控制膈肌，造成窒息；要么是心脏由于跳得太快导致心脏骤停。这就是为什么颠茄如此致命，也是为什么莎士比亚选择用莨菪杀死哈姆雷特国王。

荷马的《奥德赛》（*Odyssey*）中甚至更早地提到了从这些植物中提取的物质的毒性作用。奥德赛是伊萨卡岛的传奇国王,也是这部史诗的主人公。别人建议他吃一种"魔草"来对抗女巫喀耳刻的毒药。历史学家认为这种"魔草"应该是一种雪钟花(*Galanthus nivalis*)的提取物,而雪钟花是一种类似于莨菪的植物。那些最早在春天开花的雪钟花球茎中含有加兰他敏(galanthamine),是一种像毒扁豆碱一样的乙酰胆碱酯酶抑制剂。因此这种魔草可以增加突触间乙酰胆碱的水平,从而可以在一定程度上对抗乙酰胆碱受体拮抗剂毒药的毒性,防止死亡。在荷马生活的时代,这种植物有可能是一种很普遍的对所有含有东莨菪碱的毒药的解药。讽刺的是,含东莨菪碱的植物(比如曼陀罗)的提取物也是误食雪钟花的一种解药。这印证了古罗马诗人卢克莱修(Lucretius)的一句话:"一个人的毒药有可能是另一个人的解药。"

简单来讲,过多或过少的乙酰胆碱都很危险。在第二次世界大战期间,德国化学公司根据雪钟花的作用制作了神经毒气,因此这些毒气是很强的乙酰胆碱酯酶抑制剂。在战斗中,这些毒气会被喷洒在空气中。敌方士兵吸入之后很快就走不动路了,不能呼吸,最终窒息而死。就像古希腊人在2000年以前发现的那样,这些士兵可以通过给自己注射曼陀罗提取物来救自己一命。但是注射的时机很重要:只有当他们怀疑敌人马上就要喷洒毒气的时候才可以注射;不然,他们会被自己注射的药物所害。想象一下,一整个旅的士兵都给自己注射了东莨菪碱:他们会集体失忆,不能排泄,头脑不清。这肯定对打仗没有帮助。而这就是罗马帝国马克·安东尼（Marc Antony）的军队在公元36年被帕提亚人打败的原因。

现在的很多杀虫剂有着和神经毒气相似的生化机制，也是通过对乙酰胆碱酯酶的强力抑制起作用的。这些杀虫剂之所以有效，是因为昆虫有着和人类一样的进化起源，因此也会被神经突触间过高的乙酰胆碱水平所害。

巫毒玩偶、幻觉和美貌

除了已经介绍过的毒蕈碱型乙酰胆碱受体拮抗剂的作用外，这种药物在历史上还有很多其他奇奇怪怪的用处。听上去很灵异的巫毒玩偶致死和制造僵尸虽然没有被研究得很清楚，但都是绝佳的帮助我们理解自主性神经系统功能的例子。巫毒教（Voodoo，又译伏都教）是一种源于西非的复杂的多神教，巫毒教仪式现在主要出现在海地。一提到巫毒教，很多人会立刻想到巫毒娃娃：传说，若想诅咒一个人，只需要把尖刺或大头针插入巫毒娃娃，就可作为对另一个人的诅咒。我在接下来的介绍中会重点讲巫毒娃娃。对于真心相信巫毒娃娃威力的人来说，他们会真的很害怕这样的诅咒。这种恐惧在生理上的表现就是由交感神经系统引起的。这种诅咒的受害者会开始感到心跳加快，流汗，嘴巴干燥，还有呼吸加快。呼吸加快导致这个受害者呼出了过多的二氧化碳，从而使他感到头晕。因此，由恐惧导致的生理反应应验了受害者对巫毒诅咒的想法,从而使他更加害怕,导致更强烈的交感神经系统反应。

除非这个受害者本身就有一些没有被诊断出来的心脏问题,否则这种极端恐惧造成的体验一般不致命。相反,对交感神经系统的过度激活激发了一种被称为压力感受性反射的补偿反射。这会导致心跳频率急剧下降,这个现象也叫作反应性心搏过慢。因此,被诅咒的人不会被吓死,而是会经历一种类似死亡的体验,这是由交感神经系统不再起作用,副交感神经系统占上风之后进行强烈的反弹导致的。在这个过程中,受害者心跳频率急剧下降,在这个过程中,受害者会慢慢地失去知觉,所以周围的人会以为他死了。根据传说,有很多受害者在还活着的时候就被埋葬了,所以就导致了一种很普遍的迷信:这些死去的人会从他们的坟墓里爬出来,看上去很可怕,也很生气。后来的很多恐怖电影和都市传说明显都是从这种传说里获得了灵感。

幸运的是,我们从巫毒诅咒致死的传说中学到了很多药理学知识。很多传说都提到了一种含有曼陀罗草(也被称作"僵尸黄瓜")提取物的药水,这里面含有东莨菪碱。为什么东莨菪碱可以帮助一个受到诅咒的受害者呢?东莨菪碱可以在一定程度上减轻副交感神经系统的作用,从而防止受害者由于心率急剧下降失去意识,变成"僵尸"。

东莨菪碱在大脑里的作用是很复杂的。小剂量的东莨菪碱可以造成失忆,并刺激交感神经系统。东莨菪碱还会在周围神经系统造成一系列副作用。下面这个在1980年发表的故事就是一个很好的例子。当时，纽约市的警察发现有一些男人光着屁股在中央公园里转悠，并且不记得之前几小时在他们身上发生了什么事。这些人的视觉和听力都没有受损，并且可以躲过一些物体，比如车、狗以及一些十分困惑的游客，保证自己的安全。这些人的嘴巴都很干燥，瞳孔都是扩张的，膀胱很满却不能排尿。这些都是摄入东莨菪碱的症状。最后，警察发现，这些男人不久前都在这个区域招过妓，他们都被招待喝了一种含东莨菪碱的饮料，这些东莨菪碱则是从附近的药店偷的。

更高剂量的东莨菪碱可以造成视觉和听觉幻觉。中世纪的女巫据说会使用传说中的"女巫飞行药膏"。这种药膏很有可能就是一种由曼陀罗或风茄植物提取物、罂粟叶以及煤灰混入动物脂肪或者丁香油制成的药膏。在举行一场裸体仪式的时候，这些女巫就会把这种药膏抹在额头、手腕、手掌或者脚上。根据亚伯梅林之书（1362—1460年）——一个来自德国维尔茨堡的犹太人写了很多关于魔法和超自然现象的书——这些女人会"在一根棍子上涂这种药膏，然后骑在棍子上……或者在腋窝或者其他长毛的地方涂上药膏"。这可能就是女巫会骑在扫把上飞行的传说来源。在一根棍子上涂抹药膏然后光着身子骑在上面，她们的下体会不可避免地蹭上这种药膏。下体的黏膜会加快对药膏里东莨菪碱和其他成分的吸收，足量的药膏会导致一系列幻觉，还有一种"轻飘飘"的感觉。因此，我们不难理解为什么这些女人会说她们有骑着扫把在天上飞的体验。

这些女人和在纽约中央公园裸奔的男人有一个共同点：他们都摄入了高剂量的东莨菪碱。虽然科学家尚不清楚东莨菪碱是如何造成这种复杂的精神作用的，但是很明显，东莨菪碱的效果受摄入的剂量和被拮抗的毒蕈碱型乙酰胆碱受体的数量及其在大脑里的位置影响。东莨菪碱对于眼科医生来说在临床上有特殊的作用，东莨菪碱可以拮抗虹膜平滑肌上的毒蕈碱型乙酰胆碱受体，导致瞳孔舒张，使眼科医生得以观察患者眼睛的内部。这对患者来说也有一个隐形的好处，即便离开了诊室也是一样：别人会在意识不到的情况下注意到他们扩张的瞳孔，把这理解成一个积极的社交信号，以为他们很兴奋，从而对他们更友好。确实，人们倾向于认为有着扩张的瞳孔的人更有吸引力、更有趣。冯·林奈当初给颠茄起名时，肯定也是知道这一点的：这个植物的种名是"*belladonna*"，意思是美丽的女人。即便是今天，一些产品也包含颠茄提取物，商家向那些想要提高自己吸引力的女人推销这些产品，这些女人会用这样的产品来扩张自己的瞳孔以获得别人的青睐。不幸的是，扩张的瞳孔会对视力造成损害，使用者也会变得很畏光。不仅如此，使用者还会严重地失忆。即便如此，一个对自己不自信的人可能还是会购买这样的产品来让自己变得更有吸引力。

一颗干果和一朵蘑菇就可以提高你的乙酰胆碱水平

介绍完了毒蕈碱型乙酰胆碱受体拮抗剂，我们现在来看一看哪些药物是这些受体的激动剂。从槟榔树（*Areca catechu*）的果实里提取出来的槟榔碱就是其中一种。槟榔在东南亚被普遍用于助兴和止咳。从这些用途来看，我们就能知道槟榔碱应该可以有效地刺激负责情绪调节的大脑边缘系统里的毒蕈碱型乙酰胆碱受体，以及大脑里控制咳嗽的区域。

人们在吃槟榔时一般会就着一片蒌叶（*Piper betle*）和一小片石灰一起咀嚼。石灰会在嘴里释放碳酸氢盐，升高嘴里咀嚼物的 pH，从而加速对槟榔里槟榔碱和去甲槟榔碱的吸收。槟榔里的一些其他成分会转变成一种红色的色素，让人的唾液和牙齿变红。吃下这种果实之后，人的身体会把果实里的一些成分转化成一种叫"四氢烟酸"的物质，而四氢烟酸是一种强效的 γ-氨基丁酸增强剂。γ-氨基丁酸是一种神经递质，是大脑里主要的抑制性神经递质。因此，嚼槟榔能让人心情变好的原因是槟榔里的物质增强了大脑里 γ-氨基丁酸的反应，这也是为什么巴比妥类药物和酒精可以让人心情变好。虽然人们还没有研究清楚具体的原因，但是刺激 γ-氨基丁酸受体确实可以让人有一种开心、幸福的感觉。这应该也是槟榔在东南亚这么受欢迎的原因。

另一种可以让人们感到很开心的药是毒蕈碱，那个可以刺激大脑和身体里的乙酰胆碱受体的药。一种叫毒蝇鹅膏菌（*Amanita muscaria*）的蘑菇里就含有毒蕈碱。毒蝇鹅膏菌颜色很鲜艳，菌盖上有很多白色的像芝士一样的小点（见图3.4）。吃这种蘑菇会造成幻觉，虽然这种蘑菇里具体的致幻成分还没有被搞清楚。差不多吃1～3朵干毒蝇鹅膏菌就足以致幻，不过根据蘑菇的大小和生长环境可能会有不同。吃下这种蘑菇的人会以为周围的物体比实际大或小，这种现象分别叫视物显大症和视物显小症。作家刘易斯·卡罗尔（Lewis Carroll）肯定清楚服用这种蘑菇的感觉，并把这种体验写到了他的书《爱丽丝梦游仙境》(*Alice in Wonderland*) 里。卡罗尔应该是从他的真菌学家朋友那里学到这些知识的。

图3.4　毒蝇鹅膏菌。

毒蝇鹅膏菌也会让人昏昏欲睡，然后再使人极度兴奋，所以这种蘑菇肯定对大脑皮层里的乙酰胆碱受体有影响。服用过这种蘑菇的人说，他们睡醒后的3～4小时里会感到极度兴奋好斗，有着平时没有的好体力和力气。这些症状显示，这些人的交感神经系统过于兴奋：当蘑菇里的成分还在体内时，交感神经系统被抑制了；而在这些成分被排出体外后，交感神经系统就反弹了，变得极其活跃。

于1968年在北非发现的岩石雕刻显示，12 000年前有一个在仪式中使用毒蝇鹅膏菌的邪教。北欧人也经常为娱乐或者宗教目的而服用毒蝇鹅膏菌。让人印象最深刻的毒蝇鹅膏菌使用方法还是非维京人莫属。维京人在公元8世纪的时候侵略了爱尔兰岛。爱尔兰长诗《维京人之狂暴》（*Fury of the Norsemen*）把这群令人极不愉快的侵略者形容成"狂暴战士"。在这首诗里，你可以了解到很多关于这种蘑菇对大脑的影响的信息。毒蝇鹅膏菌里让人兴奋的成分看来是非常顽固的，很不容易被人体降解，因此这些维京人会从服用过这种蘑菇的人的尿液里重新提取这种物质，然后进行再利用。记录显示，服用过这种蘑菇的人的尿液可以被重复利用四次，只要人们不介意喝别人的尿。很明显，那些维京人一点也不介意。

这种蘑菇的另一个名字是"毒蝇伞"，因为它可以吸引苍蝇并毒死它们。苍蝇的神经元中也有乙酰胆碱受体。吃了这种蘑菇后，因为蘑菇里的成分有太强的刺激乙酰胆碱受体的作用，所以这些苍蝇不久后就会被毒死。即使它们没有被毒死，也好不到哪里去，因为苍蝇的视网膜上也有乙酰胆碱受体，吃了毒蝇鹅膏菌会损害它们的视力，所以很容易被人踩死。

尼 古 丁

我们现在来看看烟碱型乙酰胆碱受体的激动剂吧。至少有两种这样的激动剂可以在普通的水果中找到。其中一种是石榴皮中含有的称为石榴苷的化学物质。虽然石榴籽是可以食用的，但是石榴皮确实有毒。另一种烟碱型乙酰胆碱受体激动剂——胞嘧啶——更难找。你可以在侧花槐（*Sophora secundiflora*）的种子里找到这种物质。考古学家在中美洲一个有8000年历史的考古地点发现了这些种子。以前的人们在火上烤这些种子，然后吃这些种子来提神。梅斯卡莱罗印第安人会把这些种子放到啤酒里，而基卡普印第安人会把这些种子和烟草叶混在一起治疗耳朵疼痛。

但是目前为止，人们研究的最透彻的烟碱型乙酰胆碱受体激动剂还是尼古丁。在全世界的植物范围内，有64种植物含有尼古丁，包括烟草。这些植物有可能是为了抵抗昆虫才进化出这种成分的，因为昆虫体内也有这种受体，所以对这种成分十分敏感。

人们一开始用烟草来治疗头痛、感冒、脓肿或者长在头上的疮；用烟草做的灌肠剂被用于治疗胀气。更令人惊讶的是，以前燃烧烟草的烟会被用来治疗咳嗽。1560年，法国驻葡萄牙大使让·尼科（Jean Nicot）把一些烟草送给了凯瑟琳·德·美第奇（Catherine de Medici），也就是当时法国国王亨利二世（Henry Ⅱ）的妻子。她说烟草能减轻她的头痛。这种植物在以前被称作"圣草"，后来被改称为"皇后的药草"。尼科也因此获得了奖励，而植物学家冯·林奈也以他的名字将这种草命名为"Nicotiana"。虽然烟草有着辉煌的历史，但美国药典在19世纪90年代还是将尼古丁从有治疗效果的药物名单里剔除了。

一支由烟草做成的香烟里大概含1～2毫克尼古丁。因为尼古丁的化学性质十分活泼并且在受热的情况下并不稳定，吸烟者大概只会吸入所含尼古丁量的20%。一旦吸入了尼古丁，从肺吸收尼古丁到尼古丁开始影响大脑只需要2～7分钟。所以这么一比，吸烟简直和尼古丁静脉注射一样能让药物在很短的时间内发挥作用。因为尼古丁能很快地被人体吸收，所以尼古丁也是有剧毒的。60毫克尼古丁就可以致死了，并且人在服用后几分钟之内就会死亡，死亡原因是大脑不能控制膈肌上的烟碱型乙酰胆碱受体。

尼古丁对大脑皮层的影响受制于剂量。低剂量的尼古丁主要激活大脑左半球，让人感到精神振奋；而高剂量的尼古丁主要激活大脑右半球，让人感到镇静。所以，吸烟者在做一些很无聊的工作时，会摄入一点低剂量的尼古丁，比如抽一根烟，这样就会觉得有更多精神和专注力来完成任务。相反，如果面临的是一个高压的工作环境，吸烟者可能会选择抽很多很多烟，这样摄入的尼古丁可以帮助他减轻压力，让他平静下来。这些发现展现了在大脑两个半球里，尼古丁受体有着相反的功能。这也告诉了我们：大脑的两个半球是如何合作来平衡我们的情绪、注意力和精神的。另一个有趣的发现是，在患有注意缺陷/多动障碍的成年人里，有60%的人有吸烟习惯；而在没有注意缺陷/多动障碍的人里，只有30%的人有吸烟习惯。这告诉我们，烟碱型乙酰胆碱受体很有可能对我们集中注意力的能力有很重要的作用。

　　为什么戒烟这么难呢？吸烟可以给我们的大脑带来一种很强的得到奖励的感觉。目前，在人类使用的药物中，尼古丁是最容易让人成瘾的。它带给人们的那种开心的感觉在早上抽第一根烟的时候最强烈。换句话讲，一个晚上没有摄入尼古丁之后，抽上第一根烟的感觉最好，所以每天早上抽的那根烟都会让人重新对尼古丁感到上瘾。这也许能解释为什么老烟枪们都喜欢早上一醒来就点上一根烟。这是我们的大脑对我们使用的药物的一种自然反应：若有一段时间没有使用，那么等再次使用时，带来的感觉是最好的。比如，我们在饿的时候会觉得东西更好吃。所以，如果你不是一个好厨子，下次招待客人的时候，可以让他们等很长时间，把他们都等饿了再上菜，保证客人们都夸你做的菜好吃。但是如果你的厨艺惨不忍睹，还是放任你的客人们在饭前吸烟吧，这样他们就什么味道都尝不出来了。

一个最近发表的研究发现了一种让人对尼古丁更加上瘾的办法。在香烟里加入薄荷醇可以改善吸烟体验，因为薄荷醇可以增强尼古丁对烟碱型乙酰胆碱受体的作用。薄荷醇会增加大脑里尼古丁受体的数量，因此让吸烟的感觉变得更好。其实烟草公司在 30 多年前就发现这件事了，但是它们从来没有对外公布。现在，销量最好的香烟里都加了薄荷醇，而你现在也该知道这其中的原因了。

抽了早上的第一根烟之后，在接下来的时间里，吸烟者会无意识地小心调整在大脑里起作用的尼古丁的水平。他们可能会调整每小时吸几根烟、呼气的速度或者一口气吸多少烟。这样做可以帮助他们调整刺激多少乙酰胆碱受体，并平衡对大脑左半球和右半球的刺激，来让他们平衡尼古丁带来的精神振奋和平静的感觉。研究发现，相较于女性，尼古丁在男性体内更容易刺激大脑右半球，因此带来更大的满足感。这也可能就是为什么吸烟成瘾者在男性中占的比例高于女性。

很多有着严重精神疾病的人都会抽很多烟。他们可能是在用尼古丁来平衡大脑左右半球的活跃程度，从而减轻精神疾病的严重程度。这可能也是为什么《美国医学会杂志》（*Journal of the American Medical Association*）在 1948 年写道："从心理学的角度看，这些患者很有可能不是在通过吸烟来逃避他们的疾病，而是在用吸烟对抗疾病的症状。"

吸烟也会影响你对食物的体验。虽然吸烟者要考虑的健康因素已经够多了，但是最近发表的两项研究显示，在吸烟的同时吃一些特定的食物，会有一些有趣的坏处和好处。这些食物包括奶酪、啤酒、红酒（含白藜芦醇）、姜黄、蚕豆和腌黄瓜。几十年前，当三环类抗抑郁药刚进入市场的时候，人们发现如果把这些药物和上述食物放在一起吃，会有很大的副作用，甚至致死。人们把这些副作用叫作"芝士效应"。这是因为这些抗抑郁药会抑制单胺氧化酶。不幸的是，当单胺氧化酶被抑制的时候，你再吃这些食物就会造成血压的急剧变化、恶心、头痛、红疹、头晕、心悸和呕吐等不良反应。

同样，吸烟也会抑制单胺氧化酶。抽得越多，抑制作用越强。因此，这些食物对吸烟者的影响就很容易理解了。如果你是一个吸烟者，在一个派对上决定边吃奶酪和饼干，边喝一杯红酒或啤酒，那么你很可能会突然觉得恶心，心脏跳得像要从胸腔里蹦出来一样快。你的第一反应可能是认为你吃的东西有问题，也许派对主人准备的食物不干净。但是吸烟和吃芝士之间有趣而复杂的交互效应不会这么轻易结束。虽然吸烟会抑制单胺氧化酶，但是可以激活大脑中一种将酪胺转化为神经递质多巴胺的酶。对多巴胺效果最简单的解释就是它可以让人们感到快乐。确实，神经科学家有很长一段时间都觉得任何让人类感到快乐的活动都会促进大脑负责快乐的区域释放多巴胺。尼古丁也可以促进多巴胺的分泌。

把这些效果综合在一起，发现酒和芝士可以在这些吸烟者体内制造一些奇妙的反应。尼古丁和烟草的烟雾对神经系统有不同的影响，但是它们会一起帮助大脑将从芝士中获得的酪胺转化为多巴胺，同时促进这些多余的多巴胺的释放。这简直就是双重的快乐！因此，同时吸烟和吃芝士是一件既危险又快乐的事情。

现在，我们对烟草的认识已经完全被吸烟带来的后果所改变。仅仅在美国，几乎每分钟就有一人死于吸烟，这和每天发生4次像"9·11"恐怖袭击那般严重的灾难而死去的人数差不多。如果我们每天都看到灾难发生，公众对禁烟的诉求肯定会更强烈。烟草行业的利润和政府能从中收的税对美国经济十分重要，所以因为政策和经济原因，我们不太可能在短期内实行全面禁烟。与此同时，人们会静悄悄地一个一个地在卧室里或病床上，因吸烟而死。你永远也不会在晚间新闻上看到他们的死讯。

第四章

狂喜、抑郁和疯癫

你的快乐或悲伤真的能被一小类化学物质决定吗？本章着重讨论的两种神经递质是多巴胺和去甲肾上腺素。这两种神经递质都属于一种叫儿茶酚胺的化学物质，这类物质不仅能决定你的快乐或悲伤，还有更多的作用。儿茶酚胺在自然界中极其普遍，对于昆虫纲动物、甲壳纲动物、蛛形纲动物还有灵长目动物来说都十分重要。我们对儿茶酚胺在人脑里的作用了解得很多，因为我们发现有很多药物和食物成分能影响儿茶酚胺的功能。这一章会重点讨论儿茶酚胺的效果以及多巴胺和去甲肾上腺素的功能。读者会渐渐意识到一个规律：去甲肾上腺素是唤起或者与唤起相关的反应背后的主要神经递质，而多巴胺和我们尝到甜头或者主动寻求快乐的行为密切相关。有趣的是，多巴胺还与精神病的治疗有关，甚至有可能是造成精神病的真正原因。

关于去甲肾上腺素和多巴胺的基本神经科学知识

  在人类大脑里，几乎所有的分泌去甲肾上腺素的神经元都在大脑底部一个叫作蓝斑核的区域。这个区域名字的由来是这些神经元会聚集铜元素。虽然去甲肾上腺素的合成需要铜元素，但这个区域铜元素的含量远远超过了合成神经递质所需。不幸的是，铜元素的聚集让这个区域的神经元对氧气十分敏感，这对大脑来说是一个有些特别的威胁，我会在后面详细讨论这一点，但是确实可以这样说，呼吸氧气对我们来说不只有好处，坏处也是有的。

  蓝斑核中的去甲肾上腺素能神经元在整个大脑里都有突触分布。能接触到大脑这么多区域给予了它们影响大脑唤起，甚至是影响思考和行为的方方面面的权力。一个关于精神分裂症患者的最新发现与这一事实相符：精神分裂症患者的大脑长期处于高度唤起的状态，科学家发现相较于普通人，他们的大脑里有更多的去甲肾上腺素能神经元。

  虽然多巴胺能神经元在数量上是去甲肾上腺素能神经元的5倍，但是多巴胺能神经元的突触在大脑里分布得没有去甲肾上腺素能神经元广泛。多巴胺能神经元主要分布在中脑，其突触主要分布在基底核和前额叶。一个主要的多巴胺通路始于黑质。黑质是中脑的一个神经核团，之所以被称为黑质，是因为这个区域会聚集铁离子，并将它们转化为一种深颜色的色素，叫黑色素。

和蓝斑核中铜离子的聚集一样，黑质里铁离子的聚集使这个区域对氧气十分敏感，因为铁离子容易被氧化（在平常生活里，铁离子氧化的例子之一就是铁制品生锈）。你甚至可以把这理解成你大脑的某些部位在你呼吸的时候慢慢生锈。在植物里，多巴胺有着抗氧化的作用：多巴胺分子在氧化应激的情况下会牺牲自己结构的稳定性，被氧化分解，从而保护其他分子的结构。最新的研究证据显示，人类接触杀虫剂也会导致含有多巴胺的细胞的死亡。大脑里多巴胺能神经元的凋亡则是帕金森病发展的背后的原因。帕金森病的主要症状是颤抖、痉挛和运动障碍。通过这些症状，我们可以了解到多巴胺在大脑里的一个重要功能：大脑里充足的多巴胺让你能够起始或者停下一个动作。因此，一些抑制多巴胺能神经元的药物（比如某些抗精神病药物）会有一定的副作用，使服药者呈现一些和帕金森病患者相似的症状。

我们大脑里还有两条由黑质开始并向上延伸的通路。一条连接着大脑里负责控制情绪的区域，另一条连接着大脑前额叶。在过去的50年里，科学家一直怀疑这两条神经通路的过度激活与精神病密切相关。我会在后面仔细介绍多巴胺与精神病之间的联系。

大脑里多巴胺和去甲肾上腺素的合成是由酪氨酸开始的，我们是从饮食中获得这种氨基酸的。酪氨酸先被酪氨酸羟化酶转化为另一种氨基酸——左旋多巴。铁离子在这一步的转化过程中十分重要。没有了铁，酪氨酸羟化酶就不能正常工作。患有贫血的人因为身体里缺乏铁离子，大脑里多巴胺和去甲肾上腺素的合成也不足。大脑里缺乏这些关键的神经递质可能会导致轻度的抑郁症，虽然这种症状更可能在患有严重贫血的人身上看到。一般来说，在一个健康的人的体内，这两种神经递质的合成是不会轻易被饮食习惯影响的。

酪氨酸也可以被酪氨酸酶转化为一种深颜色的色素。这种酶很有趣，因为它很容易被一种基因变异影响，变得对温度敏感。也就是说，这种酶变得只能在身体里的一些低温区域正常工作。这种变异（缺乏酪氨酸酶）在人类身上的结果就是白化病。而暹罗猫身上的重点色只在鼻子、尾巴、耳朵和爪子周围分布的原因也是这种基因变异，因为这些身体部位是猫身上温度最低的区域。因此，这种变异造成的独特外观对暹罗猫杂交育种来说十分重要。有些暹罗猫两个瞳孔颜色不一样也是由杂交育种造成的。我认为这种变异可能也是造成暹罗猫好动的原因之一。

合成多巴胺的另一个很重要的步骤就是把左旋多巴转化为多巴胺。这个转化过程十分有效率，这也许解释了为什么我们大脑里左旋多巴的含量那么低，以及为什么给大脑里缺乏多巴胺的患者补充左旋多巴那么有效。这些患者大脑里剩余的多巴胺能神经元会迅速将多余的左旋多巴转化为多巴胺并释放。

去甲肾上腺素能神经元里有另一种酶可以将多巴胺转化为去甲肾上腺素，而多巴胺能神经元里没有这种酶。去甲肾上腺素能神经元把这种酶储存在突触小泡里，一旦这些神经元在细胞质里合成了多巴胺分子,它们就会被送到突触小泡,被转化为去甲肾上腺素。除了这种酶,去甲肾上腺素能神经元的突触小泡里还储存着铜离子和一种抗氧化剂——抗坏血酸,也被称为维生素C。铜离子被用于维持之前提到的多巴胺转化酶的正常工作,而抗坏血酸则被用于保持去甲肾上腺素分子的稳定,就像商家在肉制品里添加抗坏血酸来延长保质期一样。神经元需要像抗坏血酸一样的抗氧化剂,因为神经递质长期暴露在血液里携带的氧气之下。如果没有了这些抗氧化剂,很多储藏在突触小泡里的神经递质都会被氧化,变得不再有效。

每个突触小泡里差不多有10 000个这样的神经递质分子。所有这些既需要能量又需要酶的转化步骤都是为了保证突触小泡里有充足的有效的神经递质分子。这样才能保证这些突触小泡在突触间释放神经递质的时候有效地传递神经信号,因为这是神经元之间沟通的主要方式。如果这些突触小泡里没有神经递质,又会怎么样呢?

利血平的作用机制就是一个很好的例子。利血平是一种从蛇根木(夹竹桃科萝芙木属植物)中提取的药物,原产于印度、巴基斯坦、斯里兰卡和泰国。利血平可以阻碍神经递质到突触小泡的运输。如果这些神经递质不能被储存到小泡里,它们就被困在了细胞质里,最终会被细胞清理掉。神经元里积累了越来越多空的突触小泡之后,神经元之间就不能进行有效沟通了,因此神经活动就会减慢。所以,低剂量的利血平有镇静剂的作用。高剂量的利血平因为大幅度地减少了有效神经递质的数量，可以导致严重的抑郁和其他类似的情绪变化。这也许能解释为什么当地的夏尔巴人把蛇根木叫作"令人发疯的药草（pagla-kadawa）"。这种行为上的改变是由多巴胺、去甲肾上腺素和血清素的减少造成的。这个现象因此可以帮助我们了解这些神经递质在唤起和调控情绪方面的作用。既然多巴胺、去甲肾上腺素和血清素的减少会导致抑郁，那么强化这些神经递质作用的药物应该导致相反的效果，即让人更兴奋，心情更好。接下来就介绍几种这样的药物。

苯丙胺与摇头丸

兴奋剂苯丙胺可以在短时间内大幅度提高神经元对去甲肾上腺素、多巴胺和血清素的释放，提高这些神经递质在突触间的含量，并极大地减缓这些神经递质的再摄取，延长它们的作用时间。这会导致警惕性的提高，心情变好，减少疲劳、厌倦的感觉，并抑制食欲，造成失眠。苯丙胺药效结束的反弹效果则会导致极端的疲惫和抑郁。

在第二次世界大战期间，战争双方的士兵和飞行员都曾使用苯丙胺来帮助他们抵挡疲惫、倦乏和恐惧，延长他们的战斗时间。历史学家指出，在战争末期，希特勒表现出的越来越多的妄想症状有可能就与苯丙胺使用过量有关。长期过量使用苯丙胺可以导致一种类似妄想型精神分裂症的表现。科学家也相信，研究高剂量使用苯丙胺的后果可以帮助我们了解精神病的起因,并有可能帮助我们开发抗精神病药物。

半个多世纪以前,苯丙胺在全世界范围内还是一种很受欢迎的药物。随着医药科技的进步和我们对大脑功能的了解逐步累积,现在已经有了起效更快、药效更强的苯丙胺替代品。这是由提高苯丙胺衍生药物的脂溶性达到的,而神经药学的一个基本规律就是药物的脂溶性越高,大脑吸收的速度越快。并且,更快被吸收并起效的药物能造成更大的兴奋效果。药物研发者很早之前就了解这些规律了。吗啡就是一个很好的例子。在19世纪初,药物研发者在吗啡分子上加了两个乙酰基,大大提高了吗啡的脂溶性和改善心情的效果,即制造出了臭名昭著的毒品海洛因。很久之后,药物研发者用相似的方法提高了苯丙胺的脂溶性和兴奋剂效果,这也使得苯丙胺更容易成瘾。这其中最简单的苯丙胺改造方法就是在原来的分子上加一个甲基,即制造出了甲基苯丙胺,也称冰毒,是一种药效很强很快的衍生物。这也解释了为什么毒贩和成瘾者把这种毒品称为"快速丸"。

药物研发者一直在通过提高苯丙胺脂溶性(即往原分子上添加甲基或乙基)的办法来制造兴奋效果和致幻效果更强的药物。这些衍生物中最出名的应该是3,4-亚甲基二氧甲基苯丙胺了,也就是我们所称的"摇头丸"。摇头丸在大脑里的作用机制和苯丙胺非常相似:它可以阻碍多巴胺、去甲肾上腺素和血清素的再摄取,并促进这些神经递质的释放。摇头丸还可以导致体温升高。服用过量摇头丸的人大多死于体温过高。这是因为摇头丸可以阻碍细胞线粒体产生能量。这意味着药物服用者身体里所有的线粒体都不能制造三磷酸腺苷（Adenosine Triphosphate，缩写为ATP），而几乎所有的重要细胞机制都需要它，因为三磷酸腺苷是细胞能量的货币。线粒体不能制造三磷酸腺苷的后果就是身体会通过产生热量的方式来消耗积累下的能量。这种产热效果在肌肉组织中尤其明显。因为男性比女性的肌肉含量高，所以一般来说，摇头丸造成的体温过高对男性来说更加危险。

摇头丸在我的学生中非常受欢迎，而我对此十分惊讶。这些年轻人似乎认为他们还年轻，所以他们服用毒品就没有危险。我认为这种不正确的风险评估是由于他们大脑前额叶的髓鞘没有发育完成导致的。没有髓鞘包裹，神经元的电信号就不能很好地传达到终点。髓鞘在大脑中最后发育的部位是从进化上看最"年轻"的部位，其中就包括我们的前额叶。前额叶赋予了我们独特的性格和评估风险的能力。也就是说，是前额叶让人们意识到酒驾或者服用摇头丸都极不安全。前额叶髓鞘发育完全之后，我们就能更好地进行风险评估，不再干年轻人才干的蠢事。女性一般在25岁的时候髓鞘发育完全，而男性髓鞘发育完全的年龄一般是30岁。所以，虽然一个20岁的女性前额叶髓鞘还在发育，但她还是比她同样20岁的男朋友成熟。她的男朋友还要再等10年才能学会不要做出像酒驾或者服用所有能服用的药物这样的蠢事。男性大脑发育的延迟或许可以解释为什么大学里的兄弟会有那么多疯狂的举动。但这并不意味着女性就一定不会干蠢事。我有一个19岁的学生，她有一天在课上分享了这样一个故事：她说她在酒吧里碰到了一个"护士"，给了她一些吃了会产生有趣体验的药片，让她尝尝。于是她跟着这个"护士"去了她的公寓，并尝试了这种药。她在课堂上对这种药物体验的描述说明那些药片里含有摇头丸。这个年轻女孩似乎完全不在意跟着一个陌生人回家并尝试未知药物的危险。她说，第二天早上，她就像平常一样收拾书包去上课了。而这其实非常危险且不可取。

大自然中的兴奋剂

苯丙胺不是一种可在自然界里发现的药物，但是自然界中存在着与苯丙胺结构和作用相似的药物。麻黄（*Ephedra sinica*）是一种传统中药，从中提取的麻黄碱可通过促进去甲肾上腺素在交感神经系统的释放和阻碍其再摄取而起作用。麻黄碱对多巴胺几乎没有作用，因此药效不像苯丙胺那么强，也更不容易导致成瘾。目前，市面上没有由麻黄碱衍生物制成的兴奋剂，因为这种药物不能像苯丙胺一样有效地穿过血脑屏障。

阿拉伯茶

阿拉伯茶来自一种非洲植物巧茶（*Catha edulis*）。这种植物里面含有卡西酮和去甲伪麻黄碱。在喝咖啡这个习惯出现的好几个世纪前,就有人通过嚼阿拉伯茶来提神了。把阿拉伯茶放在沸水里煮而得到的茶水也被人们称作阿比西尼亚茶。和大多数从天然植物中提取的药物一样,阿拉伯茶里有效成分的多少取决于阿拉伯茶的产地、树龄和新鲜程度。由于卡西酮不是很稳定,所以阿拉伯茶因不易储存而没有被广泛使用。你虽然可以在健康食品商店买到阿拉伯茶的干叶,但是这种干叶里面什么有效成分都没有。阿拉伯茶还含有在很多植物里都普遍存在的黄酮类化合物成分,而它具有消炎的作用。阿拉伯茶里面其他40多种有效成分则有可能造成令人不舒服的副作用,比如使牙齿发绿并导致便秘。这也让通便剂在普遍使用阿拉伯茶的国家十分畅销。

佩奥特

在自然界中,一种叫乌羽玉(*Lophophora williamsii*)的仙人掌里含有另一种和苯丙胺作用相似的药。这种仙人掌的提取物可以用来制作一种叫佩奥特的饮料,里面含有3,4,5-三甲氧基苯乙胺,其中的甲氧基和苯基使这种分子的脂溶性非常强。这种别名为仙人球毒碱的物质在结构上与儿茶酚胺多巴胺很相似。这并不奇怪,因为植物以酪氨酸为底物生产仙人球毒碱和吗啡,而多巴胺是这个合成过程中的一种十分重要的中间产物。这些药物与酪氨酸结构相似,因而能够对大脑产生作用。仙人球毒碱分子上因为有甲氧基,所以能够更快地进入大脑,而且可以更加直接地作用于血清素受体。仙人球毒碱与苯丙胺的分子结构的相似性也能解释为什么这种物质可以在低剂量的时候让人感到愉悦,而在高剂量的时候有致幻效果。这种低剂量导致快感而高剂量导致幻觉的特性是很多作用于神经的植物提取剂的特点。

仙人球毒碱

仙人球毒碱是所有已知致幻药中药效最弱的一种,毒性是麦角酰二乙胺(lysergic acid diethylamide,缩写为LSD)的1/2000。这很可能是因为仙人球毒碱不像LSD一样可以那么轻易地穿过血脑屏障,并且仙人球毒碱在体内很难分解。这意味着,进入体内的大部分仙人球毒碱在被尿液排出之后仍然是有作用的。因此,有些文化里有"回收利用"这种物质的习惯。比如,一些占据高等社会阶级的人会摄入很多仙人球毒碱,他们排出的尿液则接着由更低社会阶级的人服用。因为在"回收利用"的过程中,药性会逐渐消失,有时候可能需要把几个人的尿液收集到一起才会有致幻效果。因此,古时候愿意为了嗑药而喝尿的风俗并不局限于维京人。

细辛脑

菖蒲是一种产于亚洲、欧洲和北美洲的植物,从中可以提取一种名为细辛脑的化学物质。细辛脑和仙人球毒碱的化学性质相似,但是其药物作用机制复杂得多。咀嚼长约5厘米菖蒲根可以产生一种轻微的愉悦效果,而咀嚼大约25厘米则有致幻的效果。

在某些文化里，妻子会在白天嚼菖蒲根并收集自己的唾液，留给晚上回家的丈夫。这样一碗温热的唾液对于辛苦工作一天的丈夫来说应该就是"家的味道"了。

肉豆蔻和其他香料

科学家发现很多香料里的成分可作用于神经系统，有影响多巴胺能神经元、去甲肾上腺素能神经元和血清素能神经元的作用。比如，用肉豆蔻植物种子制成的香料中含有肉豆蔻醚——一种化学性质与仙人球毒碱的化学性质类似的物质。欧芹和胡萝卜里面也含有微量的肉豆蔻醚。一般情况下，一个人要摄入30克的肉豆蔻香料粉，也就是从超市买回来的一整瓶，才能体验到肉豆蔻的效果。高剂量的肉豆蔻可以致幻长达48小时，而低剂量的摄入可能会带来快感，或者什么效果都没有。长期服用肉豆蔻会造成与精神病类似的副作用。另一个令人难受的副作用是严重的腹泻，这是因为肉豆蔻醚会刺激肠道里的多巴胺能神经元和血清素能神经元。有传言说，肉豆蔻有催情剂的效果。或许是因为听了这个传闻，我有一个学生把一整罐肉豆蔻和苹果酱混合在一起吃了，于是他在马桶上度过了整个周末。这也许就是为什么大多数人尝过肉豆蔻之后就不想再试第二次了。

其他香料，包括藏红花、茴香、莳萝、肉桂和八角等也含有化学性质类似肉豆蔻醚的可以作用于神经的物质。一般来说，用于做饭的香料的量远不足以让吃饭的人感受到药效，而这些香料对美食又必不可少，所以只是用于做饭的话，你们完全不用担心自己吃了会感到不适。

卡瓦酒

卡瓦胡椒（*Piper methysticum*）是一种生长在南太平洋群岛的胡椒属植物。当地人用这种植物的根制成饮料卡瓦酒，虽然味道十分恶心，但是其中有一种和苯丙胺相似的物质。在卡瓦胡椒的学名中，"piper"是"胡椒"的拉丁文名，而"methysticum"是希腊语"有毒"的意思。这种饮料中包含很多种潜在的精神活性树脂，包括醉椒素和麻醉椒苦素。和大多数植物草药的作用一样，并不是卡瓦酒中的某一种物质起了作用，而是许多种物质混合在一起产生了效果。这些树脂可以刺激大脑中的多巴胺和γ-氨基丁酸的受体，产生类似苯丙胺和其他普遍使用的抗焦虑药的效果。卡瓦树脂的脂溶性较强，于是有效成分进入大脑比较快。低剂量的卡瓦酒可以带来快感，高剂量的卡瓦酒则有致幻作用。

当地普遍使用椰子壳当容器，而半个椰子壳大概可以装下150毫升浑浊难喝的卡瓦酒。有的时候，就这么半壳酒就能让饮者在30分钟内昏睡过去。我有一个学生曾经尝试过，并说喝了之后的致幻体验"简直像把我的头盖骨掀开了一样！"这听上去有些可怕。用新鲜的卡瓦根做出来的饮料是一种绿色的浑浊液体，人们说这比用晒干的卡瓦根做出来的泛灰的饮料效果强。

在美国的一些高档超市可以买到卡瓦根提取物，但是其中不再包含有效成分。真正的卡瓦根提取物是不稳定的，尤其是在液体中储存的卡瓦根提取物，而这些从超市买来的产品大多都是用液体储存的。因为有效成分并不稳定，所以在美国超市里买的卡瓦根提取物其实并没有作用，商家宣传的抗焦虑效果完全是人们的心理作用。但接下来要介绍的这种药物带来的效果绝对不是由心理作用造成的。

可卡因

喜剧演员罗伯特·威廉姆斯（Robert Williams）曾开玩笑说，可卡因是上帝用来提醒你钱赚得太多的工具。按照这个逻辑来讲，美国肯定是一个"富裕"的国家，因为有300万美国公民对可卡因成瘾，是海洛因成瘾者数量的6倍。据估计，一半的美国人在25—30岁尝试过可卡因。

可卡因对大脑到底有什么效果呢？首先，可卡因会与神经元上的钠离子通道蛋白结合，使它们失效。这就停止了神经元间动作电位的传达，阻碍了神经元间的沟通。可卡因还可以阻碍痛觉的传递。这也解释了为什么在1855年人们刚发现可卡因的时候，曾将其作为小范围的麻醉剂，在做小型手术的时候用于麻醉眼睛疼和牙疼。但可卡因的麻醉效果并不是它被滥用且沦为毒品的原因，真正的原因是它可以带给人快感。

可卡因和苯丙胺一样可以提升多巴胺和血清素在神经突触

间的作用。可卡因可以提高人的反应速度，压抑饥饿感，提升思维和身体的耐力，使人好动，并使所有的愉快体验都更愉快。这也解释了为什么很多吸毒者都说可卡因使他们的情感体验得到了提升，做爱时也更有兴致。滥用可卡因的人一般会在使用可卡因的同时注射其他有镇定效果的药物或毒品（比如酒精、海洛因和大麻）来抵消可卡因带来的过于兴奋的效果。

　　大约16～32毫克的可卡因就可以产生效果，并且副作用不会马上出现。注射药物大约8分钟后会有心跳加速，这种症状在30～40分钟后会得到缓解。可卡因的半衰期——完全将可卡因代谢出身体所需时间的一半——是40～50分钟。其实，可卡因在身体里会自动分解成一种没有效果的物质——苯甲酰爱冈宁（benzoylecgonine）。因此，与苯丙胺相比，可卡因有效果的时间短得多。也许这就是为什么很多可卡因使用者说可卡因不像苯丙胺，效果会渐渐消失。

　　为了让可卡因在神经突触间发挥作用，首先要使血液里可卡因的含量达到一定水平。而用鼻子吸可卡因粉末，使鼻腔黏膜沾上可卡因粉末，要比口服或者静脉注射有效得多，因为这样可卡因可以更快地进入血液循环，到达大脑。因此，这种方法也能最快地产生效果。但是，这样做有一个问题。可卡因会使供血鼻软骨的血管收缩，如果重复吸粉，会导致支撑起鼻子末端的组织因缺血而坏死。一开始，软骨组织受到刺激会造成流鼻涕，最后这种刺激会造成组织坏死，导致鼻子末端要么塌陷，要么严重变形。所以,为什么要牺牲鼻子呢?

口服可卡因效果并不明显,因为消化系统不能很好地吸收可卡因。但是这种服药方式的历史最悠久。在人们开始用鼻子吸可卡因提取物之前,古时候的人们就已经开始吃可卡因叶子了。确实,虽然可卡因使用的顶峰期是在1880—1980年,但人们很早就开始吃可卡因叶子了,而一片叶子中只有1%是可卡因的有效成分。人们在5000年前的陵墓遗址中发现过可卡因叶子。

在大概800年前,南美洲人就学会了把可卡因叶子包在一片石灰石上嚼,石灰石可以提高咀嚼物的pH,从而促进叶子中有效成分的释放。这样做提高了可卡因的纯度,也提升了快感。印加人在服用可卡因的时候伴随着宗教仪式,并创作了一个词"cocata"来形容一个人可以在从服用可卡因到药效完全消除的这一段时间走多远。部落的首领给族里的赛跑者可卡因,来帮助他们克服安第斯山脉的高海拔造成的影响,并提升他们的耐力。赛跑者获得的奖励也是可卡因叶子,这样他们就会更加上瘾,直到他们因力竭或营养不良而死。后来的西班牙殖民者也学会了这种"经济有效"的支付方法,也用可卡因叶子来支付他们的印加仆人,从而使他们干更多的活,吃更少的食物。用自己的名字命名南美洲的探险者美瑞格·韦斯普奇(Amerigo Vespucci)就曾记载过当地部落使用可卡因的历史。

几个世纪之后,出现了口服可卡因植物提取物的新方法。1862年,来自科西嘉岛的化学家安哲罗·玛丽亚尼(Angelo

Mariani）把可卡因提取物和波尔多酒混合在一起，并以"马里亚尼葡萄酒"这个名字来销售这种酒。有很多名人都使用过这种酒，包括教皇利奥十三世（他甚至把梵蒂冈金质奖颁发给了这种酒）、美国前总统格兰特，还有发明家托马斯·爱迪生。爱迪生称这种酒提神，帮助他完成了很多实验。马里亚尼葡萄酒的成功使得很多商家都开始在19世纪80年代末生产含有可卡因提取物的酒精气泡水。其中一款相当成功的酒是由约翰·彭伯顿（John S. Pemberton）在1884年制造出来的。彭伯顿称这种酒为"一款含有古柯的法国酒，理想的气泡水"。他在1886年把饮料中的酒精去掉了，把可卡因换成了可乐果提取物，并给这种饮料起名为可口可乐。但是人们为什么在一开始要把古柯叶提取物和酒精混合在一起呢？这是因为这两种药物混合起来的效果要比单独使用其中一种药物的效果大得多，更令人愉快，也更容易成瘾。就像在马里亚尼葡萄酒里面一样，这两种药物混合在一起之后可以形成一种名叫乙基苯酰爱康因（cocaethylene）的物质，药效很强，因为它比可卡因的脂溶性强，因此能更快地进入大脑。根据我们之前介绍的关于药物脂溶性越强、起效越快的知识，你应该能理解为什么乙基苯酰爱康因的效果更强。

　　毒品制造者在发现如何增强药物脂溶性这一点上从不落后于化学家。毕竟，能制造出更令人成瘾的药物就能获得更大的利润。所以，在1960年，精炼可卡因被制造出来。人们发现这种可卡因可以更快地进入血液和大脑，并带来空前的享受。几个世纪以来，人们从古柯叶中提取的天然可卡因是以盐酸可卡因的形式存在的，这种酸性的化合物可以被加热蒸发。但是在高温下，可卡因会被破坏。这就是为什么从来没有人以吸烟的方式摄取天然提取的可卡因，因为里面的有效物质会被破坏。我觉得历史上肯定有人曾经试过用吸烟的方式吸可卡因，结果很失望地发现什么效果都没有。如果想要用吸烟的方式来吸可卡因，可卡因就必须被转化成其生物碱的形式。精炼可卡因就是把天然提取的可卡因转化为其生物碱形式，并进一步提纯而制成。这个过程需要使用极其易燃的溶剂，所以如果处理得不好，会使人身上着火。很多吸食可卡因的名人就发生过身上着火的丑闻，比如喜剧演员理查德·普赖尔（Richard Pryor），还有一些流行音乐歌手。

在不久之前，通过改进制造精炼可卡因的过程，人们生产出了自然形成一小块一小块的可卡因晶体。因为这种晶体在加热的时候会发出响声，所以这种产品也叫"霹雳"。这是可用吸烟方式吸食的可卡因，所以能像静脉注射一样把可卡因快速地送到身体里面，但是避免了使用针头这个麻烦而且可能不卫生的步骤。

可卡因如此令人上瘾，甚至有人可以为了吸可卡因而不吃饭、不喝水、不发生性关系。这说明可卡因可以胜过人的基本生理需求。在药物实验中，实验动物会选择一直注射可卡因，即使它们已经严重中毒，精疲力竭，直到死亡。很多使用可卡因的吸毒者选择用贩卖可卡因或者从朋友、同事手中偷可卡因的方式来维持吸毒的生活。西格蒙德·弗洛伊德（Sigmund Freud）曾撰写了一篇极其准确地描述可卡因效果的学术论文《古柯碱》(*Über Coca*, 1884)。但即使是他,也抵挡不了可卡因的威力:他声称可卡因帮助他戒掉了吗啡,但是后来他逐渐变得对可卡因上瘾。

可卡因的强大威力令人震慑,但这也让我们更加了解大脑的构造方式。很明显,大脑里面让我们感受到快乐愉悦的网络和一些对生存至关重要的活动联系在一起,比如吃饭和繁衍。类似可卡因的药物可以给大脑负责产生快感的网络带来强大的、不正常的刺激,给我们带来不一般的快感,所以使我们比起吃饭和性,更想要可卡因。如果只是从大脑的角度来看,可卡因带来的刺激和吃饭或者性带来的刺激没有区别。这也解释了为什么可卡因的引诱力如此强大,戒掉可卡因不是一句"不吸不就好了"这么简单的事情。会这么说的人忽略了大脑的复杂性,以及我们的文化和上万年来的进化历程是如何塑造大脑对药物的反应的。

可卡因具体是怎么在大脑里起作用的呢?就像在第一章里解释的那样,一旦神经递质被分泌到突触间隙,其作用是由神经元的重吸收所终止的。可卡因主要阻断了神经元对多巴胺的重吸收,但也对去甲肾上腺素和血清素的重吸收有类似的作用。如果你把神经元看作专门吸收神经递质的吸尘器,可卡因就是堵住吸尘器滤网的杂质。因此,可卡因大幅度提高了突触间隙的多巴胺、血清素和去甲肾上腺素的浓度。在大脑中有上亿个神经突触,在这些神经突触间,那些不会被重吸收的神经递质可以反反复复地刺激下游的神经元受体。因为多巴胺、去甲肾上腺素和血清素的受体遍布整个大脑，所以可卡因的影响十分广泛。

我们在之前讨论别的药物时讲过，药物离开大脑后的副作用一般可以告诉我们一些关于这种药物影响的到底是哪个大脑部位的信息。而通过这种方式，我们了解到可卡因会影响位于脑干的唤起系统、位于下丘脑中的进食中心以及位于前额叶和边缘系统中的奖赏中心。因此，可卡因可以减少我们对睡眠和进食的需要，在可卡因被代谢出身体之后，吸毒者会感到极端的困倦和饥饿。因为可卡因可以产生极强的快感，药效过后，吸毒者会感到极其抑郁。很多人相信，这种由吸食可卡因造成的从极度快感跌向极其抑郁的情绪过山车是作家罗伯特·路易斯·史蒂文森（Robert Louis Stevenson）创作《化身博士》（*The Strange Case of Dr. Jekyll and Mr. Hyde*）的灵感。长期过量地静脉注射可卡因导致的反弹效果尤其大，包括精神病性行为、夸大妄想和幻觉。很多影响大脑的药物，包括可卡因，造成的反弹效果的严重程度与吸毒者使用这种药物的次数有关。更可怕的是，可卡因对大脑生理结构和化学环境造成的改变可能是长期的。即使在戒毒之后，很多长期用药者还是会汇报说他们的视觉受到了刺激，经常看到"白雪反射的光"；或者其他感官刺激，比如蚁走感，即觉得有很多蚂蚁在皮肤上爬。这些症状一般只会出现在长期吸食可卡因的人身上。这些症状可能是由大脑从可卡因带来的强烈刺激中恢复时产生的一些神经活动造成的。

利多卡因和可卡因在化学结构上相似，但它还是一种阻碍钠离子通道的药物，因此它是一种很有效的局部止痛剂，你也可以在药店里买到这种药。但是，和可卡因不同，利多卡因不会带来任何愉快的感觉，药物实验里的动物也不会主动选择注射利多卡因。这也进一步证实了可卡因的麻醉效果与其带来的快感没有关系。

是什么让我们从可卡因、苯丙胺和摇头丸中感受到了快乐呢？任何可以快速提高多巴胺在突触间隙里的含量的药物都可以让我们感受到快乐。而使药物变得脂溶性更强只是缩短了药物的起效时间，造成更强的快感。我们的大脑似乎很享受任何可以快速改变其活跃程度的药物。而多巴胺在其中又起什么作用呢？

多巴胺：快乐感的油门

现在有很多证据都间接地证明了多巴胺对我们感觉到快乐十分重要。第一，所有能带给人愉快感受并导致成瘾的药物都或多或少地提高了多巴胺能神经元的功能。所有可以带给我们快乐的事情，包括吃东西、性或者听音乐，可能都会影响多巴胺能神经元。第二，抵消多巴胺作用的药物，比如即将在下一章讨论的抗精神病药物，会极大地减少我们感受到快乐的能力。第三，多巴胺决定了前额叶处理信息的速度，就像给时钟调速度一样。这个钟走得越快，大脑加工信息的速度就越快。增加多巴胺分泌的药物能提高你思考的速度。这些药物也会增加一些小动作，比如来回踱步或者坐下又站起。这种副作用在服用与苯丙胺结构类似的药物来治疗注意缺陷/多动障碍的儿童身上尤其常见。虽然这些儿童在服用药物之后，在学校的表现好了很多，但是他们也变得更加好动了。类似苯丙胺或者可卡因的药物会使思考的速度变快；而破坏多巴胺作用的药物，比如抗精神病药物，会使思考速度变慢。人老去的时候，前额叶的多巴胺分泌减少，因此人老了之后的思考速度比不过年轻时候。帕金森病就是由分泌多巴胺的神经元衰退造成的，因此这些患者处理信息的能力会变慢，并且情绪低落，失去了体验快乐的能力。帕金森病患者吃的药物通过增强多巴胺的功能来减少这些症状。吃了药之后，这些患者会感到开心一些。但这种药物有时会导致患者去做一些很冲动的事情，比如去赌博。

把这些药物的作用综合起来考虑，我们可以认识到你的大脑就像一辆赛车，而多巴胺就是这辆车的油门。你的大脑在猛踩一脚油门的时候会感到快乐，这时候，你的思考速度变得极快。很多药物就是通过提高脂溶性来达到这"猛踩一脚"的效果的。进化的力量让我们的大脑觉得越快越好，因为思考速度快的大脑有利于生存，进而有能力繁衍后代。因此，进化论可以解释我们为什么会从特定的活动中感到快乐，包括性、吃巧克力，或者滥用苯丙胺、可卡因或摇头丸。

治疗精神病

如果多巴胺这个油门被一脚踩到底并卡在那儿了会怎么样？这就是精神病的原理吗？我们可以通过什么来治疗这类疾病呢？不管导致精神病的原因是什么，治疗的普遍办法就是阻止多巴胺作用于多巴胺受体。我在之前讨论的提升儿茶酚胺类神经递质作用的药物都是通过干扰突触上游神经元生产、储存以及释放或抑制多巴胺和去甲肾上腺素的能力来达到效果的。但是治疗精神病的药物影响的是突触下游的神经元，这些药物会阻碍突触下游神经元的多巴胺受体，来达到治疗精神病的效果。让我们看看这些药物的作用可以告诉我们哪些关于多巴胺以及精神病机制的知识。

精神病是一个泛指与现实脱离联系的精神状态的词。精神病患者有幻觉、妄想和思维错乱的症状。因此，他们很难维持日常生活或与他人进行正常的社交。阻碍多巴胺受体的药物能在一定程度上减少一些与精神病相关的症状。但这其中有一个复杂的问题：虽然阻碍多巴胺受体的药物改善了精神病症状，但是这并不说明精神病就是由多巴胺能神经元的机能障碍导致的。这个逻辑和治疗抑郁症的药物相似：虽然阻碍多巴胺、去甲肾上腺素和血清素重吸收的药物可以改善抑郁症症状，但这并不说明抑郁症的病因就是这些神经递质的失衡。这对于理解大脑功能和药物作用是十分重要的一点。

事实上，多巴胺功能的改变很可能不是精神病的起因，而是一个或多个神经系统功能（很有可能与谷氨酸神经递质相关）失衡之后造成的后果。这也解释了为什么在某些大脑部位阻碍多巴胺受体可以改善精神病性症状，但在另一些部位没有效果。阻碍多巴胺受体可能只是弥补了别的化学环境失衡造成的后果。不管精神病的真实原理是什么，我们现在只知道阻碍多巴胺受体的药物对有些精神病患者有效，但对另一些人无效。

不幸的是，这些药物，尤其是在20世纪50年代问世的第一代抗精神病药物会产生与帕金森病的症状类似的副作用：身体在静止的时候颤抖，自主活动减少，肌肉痉挛，肌张力障碍，还有长时间的肌肉收缩。这些症状说明多巴胺能神经元有着触发和控制动作的作用。抗精神病药物也会在一个控制释放催乳素的大脑区域阻碍多巴胺受体。这会导致催乳素的释放，从而使胸部组织发育。这对于本就对药物疑神疑鬼的男性患者来说是一个比较麻烦的副作用。

改良后的第二代抗精神病药物也有副作用，比如让很多患者讨厌的体重增加。最新的研究证据显示，体重增加可能是由组胺受体的阻碍导致的。有趣的是，第一代取得商业成功的抗精神病药物氯丙嗪就是因为它可以阻碍组胺受体、减少普通感冒的症状才在临床上被使用的，人们是后来才发现它可以治疗精神病的。最近的研究证据揭示了更多关于多巴胺与组胺的联系。原来，很多新上市的阻碍组胺受体的药物可以像可卡因一样阻碍对多巴胺的重吸收。原来，我们一直不知道治疗普通感冒的药物可以像可卡因一样带给我们快感。

抗精神病药物与抗抑郁症药物有相似的副作用。这些由多巴胺受体阻碍造成的副作用很快就会出现，但是达到治疗效果需要2～3周，甚至更长时间。这也许说明，对于治疗精神病患者来说，这些副作用必然出现。治疗效果的出现可能需要某一类神经元里面的某些基因被激活或抑制。

现在，你已经对多巴胺、去甲肾上腺素和乙酰胆碱在控制动作、快乐、情绪、唤起、学习能力和注意力中重要的相互交织的作用有所了解了。科学家观察研究不同的药物通过影响大脑中哪些神经递质达到效果，总结出了一些规律，帮助我们预测特定的药物会产生什么后果。通过同样的方式，我们可以更加了解一种在本章反复出现的神经递质——血清素。影响大脑里的血清素水平会造成什么后果呢？

第 五 章

大脑对现实的反映

....

大脑是如何过滤感觉信息以使景象和声音不致混在一起的？假如因为嗑迷幻药或者别的什么原因，大脑失去了它的这种过滤能力，结果会怎样？从我们治疗抑郁和焦虑的药物中，我们能明白什么？随着我们对血清素或者5-羟色胺的了解愈发深入，这些问题的答案也愈发清晰。

血清素是一种十分古老的神经递质，它存在于两栖动物、黄蜂、蝎子的血管中，存在于海葵的刺丝囊中，也存在于寄生性扁形虫、蟋蟀以及龙虾的神经系统中。在人体中，90%的血清素都存在于肠道神经元内，由肠道释放，并决定促进或抑制骨骼的生长。另外8%的血清素存在于血液里，在血小板和肥大细胞中。事实上，最初，它是在血管内被发现的，并且具有收缩血管的效应——这就是其名字"血清素"的由来。剩下的那2%左右存在于大脑内，和在其他脊椎动物大脑内的位置大致相同。

脑中产生和释放血清素的神经元位于沿着脑干中缝或背侧

中缝分布的核团中，它们被称为中缝核。这些神经元把它们的轴突投射到大脑的各个区域，而某些轴突则与血管相接触；这些神经元还能向下投射到脊髓。如果你能在主要的中缝核团植入一个记录装置，并"聆听"这些血清素能神经元的活动，你就会发现在你醒着的时候，它们缓慢地进行着相似的、规律的、自发的活动。当你睡着时，这些神经元的活动频率下降了。当你开始做梦或者注射了迷幻剂时，这些神经元会暂时停止活动。

尽管大脑中的血清素能神经元数量不多，但能改变血清素浓度的药物会极大地影响你的感觉以及你对周围世界的体验。例如，这些药物通常会间接刺激交感神经系统，使心率提高，呼吸加快，瞳孔扩大，以及产生其他令人不适的副作用。另一方面，血清素扩张血管的作用是曲普坦类药物发挥效果的基础，这类药物能够缓解偏头痛。

另一类药物也和血清素相关，并且能缓解通常伴随偏头痛的另一些症状——抑郁和睡眠问题。血清素对人类大脑的影响广泛而多样，我们必然需要从食物中补充相关营养。血清素的生成需要我们从食物中摄取的色氨酸，而这种氨基酸的转运取决于另一种氨基酸的血液浓度——同样受我们摄入的食物影响。

在你大脑的神经元中，色氨酸被色氨酸羟化酶转化为5-羟基色氨酸。这种酶永远不会被色氨酸完全淹没——主要是因为色氨酸很难穿过血脑屏障。因此，如果你吃的色氨酸不足，你的大脑通常会产生更少的血清素。研究表明，低色氨酸饮食会产生不良影响,而且很快(通常在几小时内)就会影响由血清素控制的大脑过程,从而影响情绪和睡眠。

补充色氨酸

缺乏色氨酸摄入会极大地影响大脑的功能。这引发了一个重要的问题:口服色氨酸能够提高色氨酸水平并且改善情绪吗?答案是:不能。没有证据证明通过饮食提高血液色氨酸水平能够改善情绪,主要是因为脑内色氨酸水平很难单独通过饮食来改变。对于色氨酸补充和耗竭的研究提出,改变色氨酸水平仅对曾有抑郁症病史或家族史的人有效。因此,除非你有精神疾病基础,否则补充色氨酸对你的心理健康并没有什么益处。大众媒体经常建议通过饮食来提高血液色氨酸水平和脑内血清素水平。这样的建议尽管很吸引人,却充满误导性,并且不被任何科学研究所支持。如果你在补充了色氨酸后觉得昏昏欲睡,那不过是安慰剂效应而已。

许多产品声称提供的大剂量5-羟基色氨酸——血清素的前体——能够助眠。这听起来很合理,但是问题在于,5 羟基色氨酸并不能通过血脑屏障进入大脑。因此,这些产品提供的益处就算不是基于安慰剂效应,也是产品中的其他成分提供的。

此外,大脑中血清素能神经元的活动能够被抑制,这种抑制和幻觉的产生相关。这并不意味着我们能够通过改变饮食来下调血清素的释放，从而产生幻觉体验。但特定的药物能够产生这种作用，而它们的功能以及它们诱发的体验能提示血清素在大脑中的作用。

迷 幻 剂

迷幻剂是怎么起作用的？迷幻剂并不会制造不存在的感知，它通常只是扭曲了大脑感知客观存在的物体的能力。例如，改变视觉皮层生化过程的化学物质所引发的幻觉会扭曲物体的面积、形状、运动和颜色，但物体本身还是可辨认的。迷幻剂诱发了通常只有在睡梦中才会体验到的心理状态，或者对某些人来说，在宗教仪式上也会出现的心理状态。因此出于同样的原因，没有人在梦里见过真正的外星人，也没有人会在幻觉中见到真正的外星人。这解释了为什么电影里的外星人都是直立的、对称的两足动物，大脑长在食管的前端，就和我们一样。

为了理解你的大脑如何产生幻觉，也就是扭曲的感觉体验，你需要先明白大脑如何产生正常的感觉体验，即你每天清醒时都在体验的正常世界。我们先从认识一个叫"丘脑"的球状脑区开始。丘脑位于大脑中心的深部，和覆盖于其上的大脑皮层有大量连接。你的所有感觉信息都被大脑皮层里相互连接的区域接收、加工和分配；这两个脑区的相互作用被认为是你拥有正常清醒意识的基础。当丘脑和大脑皮层的相互作用被干扰或者失衡的时候，你就体验到了幻觉。这个解释提出了一个新的问题：迷幻剂是如何干扰丘脑和大脑皮层间的信息交流的？为了回答这一问题，你需要了解血清素受体。

除了一种迷幻剂，所有已知的迷幻剂都能和一系列的G蛋白偶联血清素受体结合。到目前为止，已发现14种不同的血清素受体分布于大脑和身体各处。被研究得最透彻的迷幻剂是麦角酰二乙胺（LSD），它能和神经元表面上的各种血清素敏感受体结合。在大脑中能达到的药物浓度下，LSD能和至少6种不同的血清素受体结合。相对的，LSD在大脑中能达到的浓度对于大部分多巴胺受体、去甲肾上腺素受体和组胺受体来说都太低了，不足以影响它们的功能。因此，LSD对精神的影响大部分源于它激活两种血清素受体的能力：一种是兴奋性的（$5\text{-}HT_{2A}$）；一种是抑制性的（$5\text{-}HT_{1A}$）。首先，LSD降低了中缝核中血清素能神经元的活动。图5.1的左侧图像形象地再现了当把电极放置在脑干的中缝核团中，加入LSD之前和之后，血清素能神经元的活动。一开始，放电活动很正常。图中的箭头显示了向脑中注射LSD的时间点。仅仅几分钟后，血清素能神经元的活动明显降低，和人进入睡眠状态时相似。然而，这种相似只是纯粹的巧合，LSD的半衰期约为3小时，那时它的致幻作用到达顶峰。它的精神作用大大持久于血清素能神经元活动的下调；因此，中缝核中血清素能神经元活动的下调不能解释为什么我们用药后会产生幻觉，以及为什么这种幻觉状态像做梦一样。LSD对血清素能神经元的作用可能只

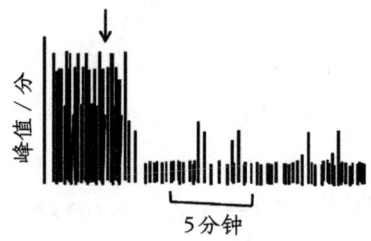

图 5.1 如果你把一个电极放入脑干中缝核,血清素能神经元的活动如图所示。如果在箭头处注射 LSD,那么这些神经元的活动会减慢。

是大脑中产生"幻觉"体验的一系列复杂加工过程的触发点。

一种天然的 LSD 类似物是麦角酰单乙胺,它比麦角酰二乙胺少了一个乙基且脂溶性稍差,但同样能导致幻觉。黑麦上的麦角菌是一种真菌,能够产生一种和血清素作用类似的毒物,能够收缩血管。食用被这种真菌感染的谷物制成的面包,四肢就会产生因为血管极度收缩而导致的灼烧感,在严重的情况下,肢体会坏死。一次使这种疾病广为人知的爆发发生在 944 年的欧洲,导致了近 40 000 人的死亡。那时,这种疾病又被称为"圣火病(ignis sacer)",或者"圣安东尼之火病",以纪念法国格勒诺布尔的圣安东尼医院骑士团。食用被麦角菌感染的谷物也可能导致了历史上报告的一些神秘事件,包括某个在古希腊每年都要举行的仪式——厄琉息斯秘仪。一些历史学家相信,1691 年 12 月,正是被麦角菌感染的黑麦导致了女孩们的奇怪行为,最终引发了"萨勒姆女巫审判"。根据记录,8 名女孩遭受了"瘟疫",

根据目击者所述，她们的症状包括胡言乱语、怪异的姿势以及痉挛抽搐。尽管麦角菌病在17世纪已经为医学界及历史学家所熟知，但来自美国新英格兰地区的清教徒还是选择把这些症状视为巫术招来的撒旦的杰作。1692年9月，20名男性及女性因为"参与巫术仪式"被判有罪并被处以绞刑，其中2人在监狱中去世了。

二甲-4-羟色胺磷酸又名裸盖菇素，是一种化学结构与LSD相似的天然分子。它的作用没有LSD那么强，但在身体里转换成二甲-4-羟色胺后，对血清素能神经元产生的作用和LSD的作用相似。很有可能是我们的祖先在寻找可食用的蘑菇时，偶然发现了带有这种物质的蘑菇——墨西哥裸盖菇（*Psilocybe mexicana*）、半针裸盖菇（*Psilocybe semilanceata*）和光盖裸盖菇（*Psilocybe cyanescens*）。想象一下，对第一个在无意中食用了这些蘑菇的人来说，他的体验是多么意外和可怕。根据自然学家弗朗西斯科·赫尔南德兹（Francisco Hernandez）的记载，16世纪的中美洲印第安人称这些蘑菇为"Teonanacatl"，意为"神之肉"或"神圣蘑菇"。偶然发现了LSD的科学家阿尔伯特·霍夫曼（Albert Hofmann）在1958年从这种蘑菇中分离出了它的活性成分。他声称自己摄入了32个干蘑菇来研究其作用，大约是今天常见摄入量的10倍。他记录称，这些蘑菇的影响和他摄入LSD而受的影响类似。虽然显而易见，但还是有必要在这里重申：请不要在你自己身上尝试任何不明植物提取物，尤其是在可能对大脑有影响的情况下。我知道这个警告似乎不言而喻,但有太多学生把空瓶子带到课上并问我:"昨天晚上我把这个喝下去了,你能告诉我这是什么吗?"这些问题对才19岁并觉得自己不会死的学生来说似乎很常见。

有超过75种蘑菇能够产生裸盖菇素。它和蟾毒色胺(学名 *N*-二甲基-5-羟色胺)的化学结构相似。这是一种和血清素的化学结构非常相似的致幻分子。蟾毒色胺在不同的地方都曾被发现:南美洲某种蟾蜍的皮肤和腺体中、南美洲的某种树木(*Piptadenia peregrina*)的豆荚中,以及中美洲相思树(*Acacia niopo*)的树叶和树皮中。*Piptadenia peregrina* 的种子要和石灰石一起研磨,才能提取更多的蟾毒色胺,就和如今的烟草厂家加入氨来提高 pH 以便提高尼古丁在口中的吸收率一样。豆荚和石灰石的混合物被当成一种叫"yopo"的鼻烟使用。年轻男孩通常用中空的鸡骨头做的一根分叉的管把鼻烟吹到彼此的鼻孔里。有趣的是,蟾毒色胺可能也存在于毒蝇鹅膏菌中,毒蝇鹅膏菌可能和我们在第四章中讲的一些精神效应有关。蟾毒色胺对大脑的作用仍旧只是一种猜测,因为还没有实验能证明它能通过血脑屏障。蟾毒色胺更多是因为它的外周毒性作用而为人所知的。

事实上,没人知道 LSD 或者任何一种致幻剂是如何起作用的,也没人知道血清素对它们的致幻效应有什么影响。有些致幻剂对血清素没有明显的影响,这一事实使得真相更加扑朔迷离。例如,从墨西哥鼠尾草(*Salvia divinorum*)中提取的二萜化合物

salvinorin A 是一种强有力的天然致幻成分，它的作用和吗啡类似，但并不作用于血清素受体。

我们也许生来就易产生幻觉

被称为"幻觉"的复杂感觉体验可能源于 LSD 或裸盖菇素等药物以外的原因，这一事实为我们阐明幻觉体验的本质以及它和血清素的联系提供了帮助。让我们来设想一个假想情境。

想象一下，你是一个躺在婴儿床里的新生儿。在这时以及出生后的几年内，你脑内的血清素能神经元不能很好地工作，因为神经元和支持它们的神经胶质细胞还没有发育完全。此外，在这个年纪，兴奋性和抑制性血清素能神经元受体的组成还没有像成年人一样达到很好的平衡。你的感觉系统，尤其是视觉、听觉和嗅觉已经运转得很好了，但你的血清素系统还没有准备好，不能很好地辅助脑内感觉信息的加工。突然，你感觉到有什么逼近了你的婴儿床——一张绿色的、扭曲的脸，以及尖厉的声音和黄色的熏人臭味。于是你害怕地尖叫起来。就在刚刚，你经历了人生中的第一场幻觉。你此时也经历了联觉，也就是不同的感官体验会在同一时间发挥作用，比如带有声音的景象或者带有颜色的气味。

现在，想象 20 年之后，你的血清素系统已经发育完全。让我们假设你并不是一个"联觉者"，也就是那些能把两种不同感官产生的感觉结合起来的人。但是,你只要在成年后服用致幻剂,就能体验到和你还是婴儿时在摇篮里体验到的相似的经历。这是为什么?因为在致幻剂的诱导下,你的血清素系统被抑制的功能让你产生了联觉体验。这种情况在婴儿时还是常态。作为一个新生儿,你可能觉得这种情况很吓人。但作为一个摄入了致幻剂的成年人,在特定的场景下,你可能会相信这是超然的神秘体验。

致幻剂和宗教信仰

提摩西·利瑞(Timothy Leary)是20世纪60年代反主流文化运动中著名的麦角酸二乙酰专家,他在1964年曾评论,"一场幻觉体验就是一场探索意识新领地的旅途,它的广度和深度都是无限的,超越了任何语言概念、时空维度以及自我意识或身份认同。"修行密宗瑜伽或超验冥想的大师或许很熟悉这种带有宗教性质的描述。通常,致幻剂是能够改变精神或强化感知的药物。它会改变你的意识、对空间和时间的感知以及对周围的真实世界的认知。在现实中,致幻剂对大脑的作用能导致"感知强化",这通常源于正常血清素能神经元功能微妙的变化。这些变化会引发一系列尚未被破解的神经活动,从而改变了正常的意识。

意识的功能之一,同时也是很可能被血清素影响的功能,是在你清醒的时候,过滤大脑接收的大量又杂乱的感觉输入。如果你失去这种能力,就很可能变得迷茫又困惑。因此,为了避免被吓坏，药物诱导的"感知强化"只能在保证安全的情况下体验，即在高度有组织的、受保护的情境下。为了避免惊吓，关于有致幻作用的植物的使用，很多文化中发展出了严格的宗教和社会规则。宗教常用的致幻植物提取物或者象征性的代表物（如熏香）在宗教仪式中经常扮演重要角色。确实，世界各地的宗教和致幻药物的使用几乎同时出现，也指出了关于"为何在不同的原始社会中都出现了宗教"的假说的交叉点。有时候，正是特定的植物产生了特定的神祇。比如，克里特岛的罂粟女神就是一个戴着罂粟花冠、出神地站着的形象。莨菪（天仙子）在不同的时代和文化中曾与北欧神祇托尔（Thor）、凯尔特神祇贝尔（Bel）以及罗马神祇朱庇特（Jupiter）联系在一起，而大麻则被与北欧的爱之女神芙蕾雅（Freya）联系起来。奥丁（Odin）——托尔之父——因其对痊愈和死亡的控制而备受崇拜，因此很自然地被与阿片以及致命的颠茄和毒蝇鹅膏菌联系在一起。埃及人认为他们的神祇奥西里斯（Osiris）是古巴裸盖菇（*Psilocybe cubensis*）的化身。

我想表达的是，这些古代原始宗教的出现及其最终向现代成熟宗教的转变，都受到了致幻植物的帮助。这些致幻植物能够改变大脑的功能。在不同文明中，它们都能通过诱发一种恍惚状态，来促进人类和他们信仰的神灵之间的交流。因致幻植物在全球分布的普遍性，在有记录的历史中，人类崇拜的主要神灵超过2500个的事实也就不足为奇了。实际上，这个数目可能更多。而你，或者你认识的某个人，可能就信仰这些神灵中的一位。对一部分人来说，幻觉体验和强烈的宗教体验的相似之处支持宗教有其生物基础这一假说，该假说认为，宗教的生物基础正是由这些常伴我们左右并且和我们一起进化的致幻植物塑造的。可能正是我们祖先对致幻植物的广泛使用促成了许多宗教里的神奇故事。比如，有人相信《以西结书》（*Book of Ezekiel*）的第一节描述了公元前6世纪，先知遇到了来自外太空的生物。一个更为合理的解释是，这种经历可能源于摄入了能改变大脑血清素系统的致幻植物。书中描述的景象是七彩的、闪闪发光的、跳动的车轮在外面一排车轮的包围中旋转。这与现代致幻药物的使用者报告的十分相似。可以说，因为血清素能神经元在致幻剂和大脑的互相作用中起了作用，所以血清素可能也在不同宗教的个人体验中起了作用。

此外，宗教、血清素的相关遗传标记以及幻觉以外的其他心理体验可能相互关联。转基因小鼠的实验和人类的正电子发射断层扫描成像（positron emission tomography，缩写为 PET）实验对阐明特定的血清素受体在调节情绪和焦虑中的潜在作用都很有帮助。比如，缺乏特定血清素受体（$5HT_{-1}A$）的小鼠表现出了更多的焦虑样行为。近期发现的一些药物就是以该受体为靶点来减轻人类的抑郁和焦虑症状的。总的来说，这些药物是有效的，而这说明 $5HT_{-1}A$ 受体可能在情绪和焦虑的调控中起重要作用。

所以，这和个人的宗教信仰程度有什么关系？事实上，脑内血清素受体 $5HT_{-1}A$ 的数量和宗教性、精神性程度的自我评价呈负相关。对生活中的挑战反应更消极（表现出更多焦虑和抑郁）的人们的 $5HT_{-1}A$ 受体的数量更少，而且更容易在宗教信仰和仪式中得到安慰。并且有一系列研究表明，拥有特定血清素受体的人们更容易患上社交焦虑障碍，其特点是极度恐惧别人提出的负面评价。幸运的是，相较于脑内没有这些类型的血清素受体的人们，这些人更容易对安慰剂效应或者来自他们敬仰的对象的肯定起反应。总的来说，这些发现说明，那些追求宗教引导生活的人们比那些并不向往宗教的人，遗传了更少的血清素受体。

在过于肯定宗教和 $_1A$ 型血清素受体数量的联系之前，必须说明，大脑的其他特征也和一个人在多大程度上信教有关。一个近期的调查发现，出现过度宗教行为的倾向和难治性癫痫患者右侧海马体的萎缩显著相关。事实上，医疗记录里充满了癫痫患者产生宗教妄想的报告。脑内海马体活动的降低还和"既视感"或者有看不见的他人在身边的怪异感觉相关。近期的一些使用精细的脑部成像技术的研究表明，前额叶皮层更可能控制着我们的宗教信仰、道德信念以及超自然信仰。

为了理解大脑为何会在此类异常情况下产生神圣感，我们得先理解在正常情况下，大脑是如何运作的。通常，大脑接收来自身体的感觉输入，并且产生"你在何处""此时此刻你在做什么"以及"你周围在发生什么"的感知。这些输入的信息在时刻更新，并且为你创造出了一种"自我"感。如果你出现了感觉障碍，或者你的大脑解读感觉信息的能力因为致幻药物或者像癫痫那样的障碍而受到干扰，大脑不得不按以往的方式努力做到最好。因此，你可能会产生十分奇特的感觉体验，比如飘浮在空中的感觉、和宇宙万物的连接感，或者直面神灵并且与其进行交流。

神经科学家尚没有很好的方法来量化这种经历，他们通常依据用脑部扫描仪器可以观测到的兴奋或抑制性神经生物过程来描述这种宗教现象。确实，这种宗教体验可能不过是右背侧海马体的激活或者顶叶的最上层的抑制罢了——这是到目前为止最具吸引力的两种假说。

混合致幻剂

我的一些学生尝试过以独创的方式混合药物，就像调酒师调制混合的酒精饮料一样，他们还给这些混合物起了名字。"抛抛糖（candy flipping）"是一种二亚甲基双氧苯丙胺（methylene dioxymetham-phetamine，缩写为 MDMA；俗称摇头丸）和 LSD 的混合物；"嬉皮糖（hippy flipping）"是把两种致幻蘑菇配在一起；"猫猫糖（kitty flipping）"则混合了氯胺酮和 MDMA；"抛抛糖加强版（candy flipping on a string）"则是可卡因、LSD 和 MDMA 的混合物。我毫不怀疑这个单子可以无限延长。其中一名学生在课堂上承认她在过去 2 年中的每个周末都服用"抛抛糖"，她相信服用这两种致幻剂的混合物比服用任意一种的效果都好，快感更强。这种说法我听了很多年，但我认为这和科学家对致幻剂如何作用于大脑的看法相矛盾。MDMA 是一种会损伤血清素能神经元的药物，LSD 则是一种依赖血清素能神经元起效的药物。那么服用 MDMA 怎么可能增强 LSD 的效果呢？这些经验证据疯狂而神奇，同时也佐证了我之前的说法——我们并不真正明白致幻剂在脑内是如何起作用的。

第 六 章

大脑中的大麻

什么药物能够产生快感,并且在某种情况下甚至可以对大脑有益呢?例如,大麻能不能防治与年龄相关的记忆力下降呢?为了回答这类问题,让我们把目光转向大脑中的一个神经递质系统,这个系统的发现源于对一种历史上常见药物的使用。这个系统的名字可能不是那么耳熟能详——内源性大麻素神经递质,但让我们得以了解其功能的药物有一个家喻户晓的名字:大麻。很少有药物拥有像大麻这样多姿多彩的历史。因此,在考察它所影响的神经递质之前,我们先来简单了解一下大麻的历史。

毒品和绳索

在多种大麻属植物中,印度大麻(Cannabis indica)是一种专门为了获得具有精神作用的树脂而种植的作物。它比大麻

(*Cannabis sativa*)更矮、更茂密，后者的纤维常用于制作绳索。这两种植物，和猫薄荷一样，都含有一种属于化合物萜烯一族的活性成分，萜烯一族中具有精神作用的主要物质为聚集在树脂中的 δ-9-四氢大麻酚（tetrahydrocannabinol，缩写为 THC）。大麻属植物是一种草本植物，既有雄株，也有雌株，生长周期为 4～8 个月。野生大麻靠风传粉，雄株在传粉后很快死亡。对陶器上的刻纹的考古记录表明，人们在大约 11 000 年前的全新世已经开始使用大麻类植物织布和制作绳索了。大麻属植物最早被提及应该是在公元前 2737 年，一本药籍中提到了大麻可以作为药物使用。中国最早的炎帝神农氏（传说中他的身体是透明的，因此他能够检测在自己身上测试的多种植物的药效）称之为"释放罪恶的药"，并建议用其治疗"妇女体弱"、风湿病、疟疾、便秘以及注意力不集中。到了公元前 1000 年时，它的药用价值已经被很多文献提及，并传播到了印度。公元前 500 年，大麻的药用价值已被古希腊人所熟知。

100 多年前，两位在之后因止咳药而闻名的化学家——史密斯兄弟（William Smith 和 Andrew Smith）——开始研究大麻属植物，这类植物含有至少 60 种大麻素化合物，其中 4 种主要的大麻素是：反式异构 δ-9-THC、δ-8-THC、大麻二酚（cannabidol，缩写为 CBD；是 THC 以外含量最高的成分）以及大麻酚（cannabinol；THC 的分解产物）。它们在大麻样品中随着时间的流逝而积累。注射入体内后，反式异构 δ-9-THC 会在肝脏中转化为11-羟基-δ-9-THC，同样具有很强的精神作用。因为不同的大麻类似物以及植物成分的浓度不同，使用者可能摄入了各种具有不同药理学效应的活性成分。渐渐地，大麻属植物被培育得含有含量更高的δ-9-THC，也是最主要的精神作用成分。另一方面，能够抑制δ-9-THC的作用（包括精神作用）的CBD是一种没有精神活性的大麻素，过去种植的大麻属植物中含有大量的CBD，但在现代培育的过程中，大麻属植物的CBD含量越来越低。不过，有些种植者专门培育含有大量CBD的大麻。这会影响吸食大麻的体验吗？当然。如果δ-9-THC和CBD的比例是1:1，那么在30分钟内，δ-9-THC在脑内和血液中的浓度会变成约原来的2倍，因为CBD减慢了δ-9-THC在肝脏中的代谢。如果CBD和δ-9-THC的比例是8:1，CBD的抑制作用就会更明显，降低δ-9-THC带来的快感。

因为它的脂溶性，δ-9-THC会先被脂肪组织吸收。如果每日摄入δ-9-THC，会在第四至五天时达到峰浓度。然后，它会慢慢释放入血，并进入大脑。因为能在脂肪组织中聚集的δ-9-THC的半衰期大约为7天，而一剂δ-9-THC要完全从体内消除，大约要花30天。

δ-9-THC和CBD都能作用于大脑，但两者的有效程度不同。首先，CBD通过血脑屏障不像δ-9-THC一样容易。并且，科学家发现，δ-9-THC比CBD强力1000倍。这意味着要"嗑嗨"，所需要的δ-9-THC的剂量仅仅是所需的CBD的量的1/1000。

CBD 的这种化学特性导致它不会让人"嗑嗨",一个人要吸上 1000 卷经过基因改造的富含 CBD 的大麻烟卷才有可能"嗑嗨"。CBD 对其受体的影响如此微乎其微,使它看起来就像阻断了 δ-9-THC 的效果一样。很显然,没有哪种单一的成分是纯粹好的或坏的,或者具有治疗作用或有毒的,或者值得我们投以百分之百关注的。回溯历史,所有支持对人类使用大麻做药物的证据都来自使用完整的植物或 δ-9-THC 的研究。CBD 能够作用于一些有神经性治疗作用的靶点,但它的效果和直接调节这些能引起治疗作用的靶点的效果不相同。此外,尽管有关研究报告了超过 65 种分散的 CBD 分子靶点,但很少有靶点能用于解释药物造成的神经紊乱,它们似乎都不是合理的作用靶点。文献中报告的 CBD 分子靶点不太可能和药物的效果有关,因为它们只在浓度非常高的情况下起效。因此,基于较低的生物活性,CBD 不能在大脑内的相关靶点达到足够的浓度。

δ-9-THC 和 CBD 的平衡重要吗?一个近期的研究表明,两种化合物共同作用能够降低大脑的炎症反应,远比单独使用 δ-9-THC 或 CBD 更有效。实际上,CBD 这种在植株中含量仅次于大麻素的物质可能减轻了 δ-9-THC 带来的负面效果和其他不良反应。

一个能让 δ-9-THC 和 CBD 达到最佳平衡的选择是摄入未经加热的植物。如果人类摄入了未加热的、经酒精提取的大麻,酸性的 δ-9-THC 和 CBD 的血液浓度会远远高于有活性的(非酸性的）δ-9-THC 和 CBD。总的来说，加热使 δ-9-THC 和 CBD 的血液浓度更低。研究总结称，摄入未经加热的大麻提取物可能导致某些化学物质的结合，使大麻提取物变得更易耐受、副作用更少。加热、暴露在光和氧中可能导致一系列促进精神作用的分子形成。

把大麻当成致醉剂使用的最早文献记录来自公元前23世纪埃及古王国时期的石雕作品。公元前430年，哈利卡纳苏斯（Halicarnassus）的希腊历史学家希罗多德（Herodotus）记录过，斯基泰人会在仪式上燃烧大麻的种子，吸入其烟雾，以诱导一种醺醺然的醉态。《圣经·旧约》里也多次提到这种植物（称之为"大麻波仁"），用作交易物、熏香或是圣膏油中的成分。它很可能是供神庙里的大祭司或者耶稣使用的，在那时，"弥赛亚（messiah）"一词意为"涂抹圣膏油的那位"。把大麻当成致醉剂的做法在公元前1000年左右传到了伊斯兰世界以及北非，并在12世纪左右成了一种流行。1545年，开拓疆土的西班牙人可能把"Kane-bos"——如今发音演变为"cannabis（大麻）"——带到了新大陆。

同时，不要忘了大麻在历史上扮演的更乏味的角色。1611年，英国移民把大麻以及烟草带到了美国弗吉尼亚的詹姆斯敦[1]，他们利用其纤维来制造绳索。1700年后，乔治·华盛顿在他的

---

[1] 北美洲第一个英国永久殖民地。——译者注

庄园里种植了大麻，根据他的日记记录，他对培育更好的植物品系兴趣浓厚，而且显然是为了生产质量更好的绳索。1942年，美国联邦政府制作了一系列短片来鼓励农民种植大麻，为了在战时制造绳索。大麻在历史上的其他应用据说还包括中国的造纸、哥伦布航船上的绳索和帆、《独立宣言》、第二次世界大战时期的降落伞以及第一条李维斯牌牛仔裤。

今天，多数人听到"大麻"这个词时，第一反应是能被制成毒品的多叶草本植物，含有2%～5%的δ-9-THC。精育无籽大麻或者印度大麻，产自未受粉的大麻雌株，可含有高达15%的δ-9-THC。"哈希什（Hashish）"[1]在阿拉伯语中是"草"的意思，用晒干的大麻花树脂制成，含有8%～14%的δ-9-THC，哈希什油通常含有15%～60%的δ-9-THC。"碰（Bhang）"是一种在印度很流行的饮料，用大麻叶、牛奶、糖以及香料制成，含有2%～5%的δ-9-THC。"基夫（Kief）"来自阿拉伯语"Kiaf"，意为"愉快、幸福"，它是用印度大麻的树脂晒干制成的，通常含有浓度非常高的δ-9-THC。"巴德（Budder）"是哈希什油加工、富集后的产品，据报告，其每单位重量的δ-9-THC含量可达82%～99%。如此强效的制品，其价格也一定非常高昂。

不管它的形式是什么，今天的大麻经常被归类为入门毒品，因为它被认为是引导使用者尝试其他非法毒品的入门药物。数

---

[1] 以印度大麻提炼的麻药。——译者注

据显示，很多年轻吸毒者在使用其他违禁品前都会先尝试大麻。不过，大部分大麻使用者（大约60%）不会继续尝试其他违禁毒品。与之相对，部分数据显示，大部分大麻使用者在尝试大麻之前，都尝试过其他合法物质——香烟或酒。因此，根据同样的定义，烟草和酒精实际上应该算是入门药物。值得注意的是，如今，酒精被认为具有和海洛因相同的成瘾性，而烟草被认为具有和可卡因相同的成瘾性。显然，一种药物的成瘾性并不能决定它违法与否。

那么，大麻对大脑有什么影响呢？它产生了一些兴奋性行为的改变，包括快感，但它通常不被认为是兴奋剂。它还能够产生一些镇静作用，但还没到巴比妥类药物或酒精的程度。它能产生轻微的麻醉效应（缓解疼痛），但这种作用和阿片类物质或阿司匹林的镇痛作用的药理不同。并且，大麻会导致大量的幻觉，但它的结构和LSD或者目前已知的任何一种被归为致幻剂的药物并不相似。可见，大麻对大脑及身体的作用是复杂的。它到底是如何产生这些效应的呢？

大脑本身含有的大麻样神经递质

大麻属植物含有的大麻素结构及其高效能使它们能够通过血脑屏障，并且和大脑里的内源性大麻素神经递质系统的受体结合。如果不是这样，大麻属植物只会因为制作绳索、纸和布的用途而流行。大麻素系统目前已知的神经递质有两种（很可能还有更多）：(1) 花生四烯酸乙醇胺 (anandamide)，源于梵文"阿难陀 (ananda)"，意为"天赐之福"；(2) 2-花生酰基甘油 (2-arachidonoylglycerol，缩写为2-AG)，它在大脑中的浓度比花生四烯酸乙醇胺高，而且更容易和 CB_1 受体结合——这种受体和大麻的精神作用有关。和我在前文中讨论过的其他神经递质不同，这两种"内源性大麻素"并不储存在突触的囊泡中。它们在神经元中产生和释放，然后往回跨过突触，找到它们特定的受体——CB_1 和 CB_2。比起前面讨论过的其他神经递质，这些 CB 受体在大脑中的数量更多。CB 受体庞大的数量以及广泛的分布提示，内源性大麻素系统在大脑功能的调节中可能起重要作用。

内源性大麻类似物的功能

为了了解吸食大麻的影响，我们先来讨论一下内源性大麻素在大脑中的作用。例如，花生四烯酸乙醇胺抑制了大脑皮层和海马体中谷氨酸和乙酰胆碱的释放，这一功能可能解释了大麻为什么能够损害人们在服用药物时产生新记忆的能力。花生四烯酸乙醇胺还能抑制多巴胺的释放，大脑中控制运动的部位存在内源性大麻素受体这一事实也许能够解释部分大麻使用者经历的震颤。

花生四烯酸乙醇胺也被证明能够阻止抑制性神经递质 γ-氨基丁酸的释放，因此改变了脑内兴奋性信号和抑制性信号的平衡，尤其是针对脑内的奖赏中心。关于 δ-9-THC 对多巴胺的作用，人类和动物实验的结果依然存在不少矛盾。急性服用 δ-9-THC 会增加多巴胺能神经元的活动，导致多巴胺释放的增加，这一功能可能对大麻产生快感的作用机制十分重要。这种作用机制应该是间接的，因为多巴胺能神经元并不表达 CB 受体。通过阻止 γ-氨基丁酸作用于多巴胺能神经元，多巴胺能神经元的活动增加，因此更多的多巴胺被释放到大脑的奖赏中心。δ-9-THC 并不直接作用于多巴胺系统可能是它的成瘾性远远低于其他直接作用于多巴胺能神经元的毒品的原因。与之相对的是，长期使用 δ-9-THC 可能导致多巴胺奖赏系统活动减弱，尽管长期服用者依然报告在吸食大麻时有快感。这个令人意外的发现让人疑惑：多巴胺的释放在大麻的精神效应中到底起了什么作用？

饥饿感和抑郁

海马体中进食中心的大麻素受体的激活可能解释了吸食大麻的典型副作用——"饥饿感"。这种副作用恰巧吸引了科学家的注意，于是这些科学家进行了一系列临床试验，用药物来阻断大脑中的大麻素受体。他们希望药物对大麻素受体的阻断效应能够产生"抗饥饿"的效果，从而减少人们对食物的摄入量，为超重的患者提供帮助。一开始，这种药物的效果非常好。人们报告进食的欲望减少了。不幸的是，他们也变得非常抑郁。这个发现提示，内源性大麻素系统直接或间接地与情绪改善或调节有关，而拮抗大脑内的大麻素受体，就像在实验中利用药物所做的那样，可能产生非常危险的效果。

抗损伤和抗衰老

相反，激活大脑中的大麻素受体可能会针对脑卒中、慢性疼痛以及神经炎症产生保护作用。令人惊喜的是，激活大麻素受体还可以对抗某些与衰老相关的记忆力减退。通常来说，我们并不认为大麻会对大脑有益，尤其不会对记忆形成有益。一种会使人们丧失在药物作用下的记忆的药物怎么可能对抗大脑的老化呢？

答案和年轻大脑以及衰老大脑的功能差异有关，也和年龄相关的神经递质——乙酰胆碱以及谷氨酸——的功能改变有关。这两种神经递质与新记忆的形成以及旧的或不必要的记忆的删除有关。在生命早期，记忆的形成以及消除的过程处于一种平衡状态，因此，当吸食大麻干扰了这种平衡时，会造成记忆丧失。然而，在生命晚期，这些神经递质的作用发生了重大变化。此外，衰老的大脑表现出了更多炎症特征，新神经元的生成也大幅度减少。大麻至少可提供三个方面的保护：防止谷氨酸对大脑的损害、减轻大脑的炎症反应以及恢复产生新的神经元。因此,在生命晚期,大麻可能对大脑有益而非有害。雅尼克·马尔查兰(Yannick Marchalant)博士在我的实验室中的研究显示,非常少量的大麻已经足够为衰老的大脑提供保护,他的格言是"吸一口就够了"。未来的药理学家将会面临把大麻的益处和大麻的精神作用分离开的挑战。毕竟,大麻的精神作用可能会给备受衰老困扰的人们带来更大的负担。

大量的动物实验证据支持使用大麻来防止神经认知障碍的进展,与之相对的是,没有证据表明大麻对有阿尔茨海默病相关的神经认知障碍症状的患者有益。确实,不应该给有轻度或中重度神经认知障碍的人服用大麻,大麻带来的快感可能会让有神经认知障碍症状的老人感到恐惧。

大麻与偏头痛

偏头痛患者没有多少减轻头痛的药物可供选择,并且多数药物还有不良的副作用,限制了长期使用的可能性。大约20年前,一类新的药物——曲普坦类药物——成了有效且安全的治疗方法。这类药物对大多数患者都有用,但必须在偏头痛的症状开始出现的第一时间服用。这类药物有独有的副作用,比如发热、发冷、虚弱或者感觉"怪异"。这种奇怪的感觉通常被称为血清素综合征,还包含了心理状态的变化。这种心理变化对于某些有基因易感性的人来说非常重要，比如双相情感障碍患者或精神分裂症患者。一种假说是，这些药物作用于血清素受体，会导致大脑血管的收缩。这种假说可能是不正确的。

一种可能的机制在1987年被提出，当时发表的文章描述了一部分人在长期吸食大麻后突然停止使用，继而出现了偏头痛的症状。这提示了大麻可能防止了易感个体中偏头痛的发生。此外，大麻的麻醉特性也早已为人所知，也许是大麻掩盖了偏头痛的疼痛。

近期，来自加州大学旧金山分校的一个研究说明了为什么使用曲普坦类药物和大麻都能防止偏头痛。大脑的内源性大麻类似物可通过调节疼痛信号从脊髓到大脑的输入，来产生麻醉效果。未来的止痛药可以基于大麻的这种作用机制来进行开发。靶向瞄准内源性大麻素系统的优势是，只有伤害性或者疼痛信号被阻断，而正常的触觉依然是保留的。这个研究有两个重要进展：它证实了内源性大麻素系统是治疗偏头痛的潜在靶点，并且结果显示，曲普坦类药物的止痛效果可能是通过激活大脑的内源性大麻类似物实现的。该研究推动了偏头痛预防和治疗的有效方法的发展。困难在于，如何找出能止痛且不会干扰正常认知功能的大麻剂量。

早餐里的大麻

美国最流行的两种具有精神作用的植物——大麻和咖啡——被一些厂家制作成混合胶囊,随时可以冲泡。毫无疑问,这两种流行的且在美国很多州都便宜又合法的植物会结合成一种随时可饮用的形式。而这种混合物经过热水提取(在药理学里成为汤剂)后,会对大脑产生什么影响呢?会产生什么感觉?提到咖啡,很显然,多数人都知道自行摄入咖啡因是什么感觉。至于大麻,情况就不是完全可预测的了,问题在于,没有人知道什么植物成分会被热水提取出来,也就是说,没有人知道活性和非活性成分的比例。

大多数人都听说过人类利用大麻中的活性成分的方法。人们吸入植物燃烧时产生的烟雾或从植物里提取的膏油,或者在烹饪时放入部分植物,已经有6000多年的历史了。为什么我们从来没有听说过像泡茶或咖啡一样用热水冲泡大麻呢?可能是因为饮用大麻茶带来的认知影响对我们的祖先来说并不那么愉快。在过去的几千年里,肯定有人尝试过这种做法。泡一杯热饮比吸烟容易多了,对喉咙的刺激性也小。但无论是什么原因,这种泡大麻茶的方法从未流行过。

我们的祖先尝试了多种方法来从周围的植物中获得精神作用。肯定有人尝试过咀嚼烟草叶和古柯叶,并发现后者比前者能产生更令人愉悦的感觉。咀嚼古柯叶有悠久的历史，但吸古柯叶燃烧产生的烟雾没有。为什么？因为古柯叶中的可卡因在燃烧时非常不稳定，因此吸入古柯叶燃烧产生的烟雾不能产生快感。直到21世纪，科学家才发现可卡因能从植物中天然存在的酸性形式转换成它的基本形式（现在称之为自由基可卡因），自由基可卡因能够耐受燃烧产生的高温并保持稳定。这就是如今人们吸可卡因的原因。

咖啡因和大麻对大脑的影响有很大区别。因此，要预测两者的结合会如何影响人的情绪或想法非常困难。咖啡因被认为是一种大脑兴奋剂，而大麻既不是一种兴奋剂，也非抑制剂。大脑对大麻的反应比对咖啡因的反应复杂得多，毕竟在大脑中，大麻能够作用的受体比咖啡因能作用的受体多得多。而药物的耐受性令这个问题变得更加复杂，长期饮用咖啡但从未吸过大麻的人，以及几乎不喝咖啡但长期吸大麻的人，对咖啡和大麻的混合物的反应非常不同。基因、年龄和性别也会影响每个个体对这种混合物的反应。有些人生来就对毒品产生的快感更敏感，因此更容易上瘾。男性吸食成瘾性毒品时体验到的快感更强，而大脑的老化也会慢慢改变它对大麻的反应。

我已经从我的学生那里听到了无数的评价，他们声称结合使用两种草药的体验比单独使用每一种更好或更差。科学家在几十年前就知道，联合使用精神活性药物会对大脑功能产生非常不同的影响。今天，由于完全缺乏这方面的知识，将大麻和咖啡结合起来仍然是药理学上的轮盘赌。

用于治疗精神性痛苦的大麻

失去所爱让人痛苦。失业让人难受。没人想被忽视，因为被忽视令人心痛、抑郁，而且会增加一个人患癌症或神经认知障碍的概率。研究社会性痛苦和躯体疼痛之间联系的精神心理免疫学渐渐发展起来。显然，对任何有过这些经历的人而言，精神性痛苦和躯体的疼痛之间的联系非常真实，而这些症状都非常难治愈。

在大脑的进化过程中，曾经只负责处理疼痛的感觉区域渐渐开始处理疼痛的情绪成分。如今，我们面对社会孤立所带来的精神性痛苦常常伴随头痛、恶心、抑郁、食欲不振以及许多其他身体机能的改变。最近，科学家们推测，因为处理心理状态和躯体感觉的两个系统在大脑中有功能及解剖上的重合，常见的用于处理躯体疼痛的非处方药也许能够减轻社会性痛苦。

两种不同的常见镇痛药，对乙酰氨基酚和布洛芬能通过增强大脑内源性大麻素神经递质的功能来产生这种复合作用。近期的一个研究表明，有规律地服用大麻能够减轻孤独人群的低价值感和降低重度抑郁发作的概率。该研究支持用非处方药治疗躯体疼痛能够同时减轻精神性痛苦的假说。

这些普通的非处方药是怎么减轻精神性痛苦的呢？答案是，

它们增强了花生四烯酸乙醇胺的功能。我们已经知道，大脑中花生四烯酸乙醇胺和其他大麻素类似物能够调控快乐和兴奋感。当大脑中的花生四烯酸乙醇胺释放后，特定的酶很快会使其失活，其中一种酶就是环氧化酶（cyclooxygenase，缩写为COX）。而布洛芬和对乙酰氨基酚能够抑制环氧化酶，因此，服用这些药物能够增强花生四烯酸乙醇胺的作用，并模拟和大麻类似的效果。当然，它们对大脑的作用非常细微，否则这些药物不可能成为随处可得的非处方药。总的来说，想要针对其生物机制处理孤独导致的症状，你只需要去一趟附近的药店。

再次强调，某种神经递质在大脑中的分布已经暗示了它的功能。比如，我们大脑中的内源性大麻素神经元位于海马体的进食中心，当这些受体被激活时，我们会感到饥饿；而当它们被阻断时，我们会食欲不振。大麻素神经元还会影响大脑皮层以及不同的边缘系统（情绪控制系统）区域，当我们激活这些受体时，我们会体验到快感，同时高级认知功能会变得迟钝；而当它们被阻断时，我们会感到抑郁。因为我们的大脑中有大量的不同类型的神经元会受到大麻的影响，想要完全解释清楚这种药物对大脑的影响几乎是不可能的。但是，能够明确的一点是，我们的大脑产生的内源性大麻素神经递质不会作用于该系统本身，而是负责调节其他神经递质系统的功能。因此，它们和其他大多数神经递质的作用方式并不相同。

第 七 章

简单的分子能使你兴奋，
　也会使你昏昏欲睡

....

什么像苯环己哌啶（phencyclidine，缩写为 PCP；亦称天使粉）这样的药物有潜在的致命性？为什么喝酒会让你昏昏欲睡？抗焦虑药物是如何起作用的？为什么在服用抗焦虑药期间，饮酒如此危险？这些问题的答案都与你大脑中丰富的神经递质有关——氨基酸可以开启或关闭单个神经元。当用于交流时，神经元通常会对氨基酸类神经递质——主要是谷氨酸和 γ-氨基丁酸——具有激发或抑制作用。谷氨酸是一种主要的兴奋性氨基酸类神经递质，而 γ-氨基丁酸是一种主要的抑制性氨基酸类神经递质。

谷氨酸：一种让人兴奋的神经递质

　　谷氨酸的重要性在于它能破坏和建立神经元之间的连接，并启动其他神经元来刺激它们采取行动。谷氨酸神经传递是通过受体介导的，受体允许钠离子或钙离子进入神经元。随着钙离子的进入，神经元内开始发生一些有趣的变化，导致所谓的"记忆"的产生。这一系列复杂的生物变化最终改变了神经细胞的基因，从而终身地改变了一个人的神经元的行为方式，也可能改变一个神经元与其他数百个神经元的共生方式。

　　可以把这个神经过程想象成音乐家第一次在一起演奏交响乐的场景。最初，每个人都在唱自己的歌。然后指挥来了，分发乐谱；所有音乐家都开始以一种传递着信息的复杂形式来演奏。像指挥家一样，钙离子从 NMDA 通道进入，神经元开始形成一个活动的集合。你的神经元就像音乐家，当它们根据某种活动模式相互连接时，它们就形成了一个合奏组，演奏某一首歌曲，或者形成记忆。只有当特定合奏组的神经元以相同的模式一起演奏时，记忆才会重现。记忆可以被看作大脑活动的交响乐，就像我们喜欢一遍又一遍地演奏同样的曲调，我们可以重放愉快的记忆，同时谷氨酸也会使我们不断地回想起不愉快的记忆。

　　此外，因为衰老、疾病或脑卒中等原因，进入神经元的钙离子有时会过量，并可能触发一些有害的过程，导致突触的消除甚至神经元的死亡。这些信息表明,当谷氨酸正确工作时,可以形成记忆。反之,当它诱导太多的钙进入神经元,随之而来的死亡和破坏会导致记忆丢失。因此,维持钙离子进入的功能平衡是一个具有挑战性的但对神经元至关重要的需求,谷氨酸在这一过程中起着至关重要的作用。

  谷氨酸在大脑的发育过程中也有独特的功能。在你年幼时,大脑中的神经元之间会形成许多连接或突触,优化了你快速学习大量信息的能力。但是随着年龄的增长(在青春期),你的大脑变得有点像一个过度连接的计算机,为了让它更好更快地工作,减少失败的可能性,需要移除不必要的"连接"。你的大脑会使用谷氨酸的独特功能来修剪那些不必要的突触,反过来让剩下的神经回路更有效地运作。当你成年时,谷氨酸是让你的大脑具有"可塑性"的关键,对你适应社会的能力有重大影响,从而获得更多生存的可能。因此,谷氨酸不仅对我们早期大脑的发育和功能很重要,对后期大脑的清理和后续功能也很重要。与此同时,它的持久性有时是好坏参半的。例如,正如前面提到的,通过谷氨酸形成的创伤性记忆可以在唤起这些记忆的事件发生后的很长时间内继续困扰一个人。最好的例子就是创伤后应激障碍,拥有不愉快的记忆是这种疾病的特征,因为谷氨酸在大脑中形成持久变化的惊人功效而很难治疗。

  目前,临床上很少有针对谷氨酸受体的安全药物。然而,被滥用的两种药物——苯环己哌啶和氯胺酮——可以阻断NMDA

型谷氨酸受体。因为这些药物阻断了这种主要的兴奋性神经递质，会降低大脑的总体活动水平。大脑信息加工越来越慢，直到它不能再令你维持在神志清醒的状态。苯环己哌啶曾被用作麻醉剂，但是会带来一些负面效果，致使患者失去呼吸的能力，变得神志不清，失去了方向感，心率快速下降，有时甚至会陷入昏迷而死亡。

苯环己哌啶的药效如此之强，以至科学家相信，大脑会自行产生一种内源性的类似苯环己哌啶的分子，现被称为天使尘（angeldustin），有一天能将其分离出来。最近的研究表明，天使尘的功能降低实际上可能导致某些精神症状，如躁狂，并导致患者大脑中的谷氨酸受体过于活跃。其他研究表明，不管是什么原因，大脑主要的兴奋性神经递质的增加会导致狂躁的症状，如思绪混乱、失眠和冲动。然而，治疗躁狂的药物通常是使用了一种叫作氯化锂的盐，它并不会降低谷氨酸的神经功能，而是通过不同的机制来让狂躁的大脑慢下来。其中一种机制可能与锂离子诱导生成可释放 γ-氨基丁酸的神经元的能力有关，这种新生的神经元在躁狂患者的大脑中较少。鉴于这种神经递质的特殊性质，这种可能性是存在的。无论如何，过多地抑制谷氨酸会严重损害大脑处理信息的能力。我们的大脑需要有谷氨酸的兴奋性活动，使我们适当地学习和集中注意力。人们没有使用抑制谷氨酸的药物来抑制过度活跃的大脑，而是发现了许多不同的药物通过刺激 γ-氨基丁酸能神经元的功能来迫使我们的大脑慢下来。

γ-氨基丁酸：具有抑制作用的神经递质

与谷氨酸相反，γ-氨基丁酸（γ-aminobutyric，缩写为GABA）是一种能关闭神经元的氨基酸神经递质。当GABA被释放到突触空间后，它与蛋白质受体结合。目前被研究得最好的是$GABA_A$受体跟与它结合的药物可以增强GABA的性能，从而稳定神经元的活动。这样做能使这些药物给广泛的疾病带来巨大的治疗效益，特别是治疗焦虑和失眠。为什么会这样呢？有两个简单的原因：GABA受体广泛分布于大脑的各个区域，而GABA几乎总是具有抑制作用的。所以任何增强GABA受体功能的药物都会全面减少大脑中所有神经元的活动。与流行杂志上的观点相反，你不能仅仅通过吃含有GABA的物质来增加大脑中的GABA含量以达到这种效果。当GABA在血液中漂浮时，被摄入的GABA会带电，阻止它通过血脑屏障。因此，每天服用几百毫克的GABA并不会帮助你缓解焦虑或改善睡眠。相反，你应该选择具有开启现有的GADA受体功能的药物。这样它们就可以关闭你的大脑——有助于你稍微减轻焦虑或是让你睡个好觉。

尽管最近的证据表明焦虑就像抑郁和偏头痛一样，可能与血清素受体的功能障碍相关，而不是与GABA相关，不过医学科学更倾向于使用增强GABA的处方药来治疗焦虑。这种药物确实能减轻这种症状。这些药物的作用能告诉我们导致焦虑的原因吗？并不能。这些药物仅仅因为有可能通过操纵大脑中特定的神经递质系统来治疗疾病的症状，并不能告诉我们关于疾病的真正原因的任何信息。我们唯一可以肯定的是，如果你感到焦虑，服用其中一种药物会减轻你的焦虑感。

用食品和药物增强 γ-氨基丁酸的作用

在最早的抗焦虑治疗中，有些药物只能让人感到昏昏欲睡。这些药物基本上抑制了大脑的活动，让人感觉不到任何东西。常见的元素"溴"制成的各种盐被用来减少与癫痫、焦虑或压力相关的大脑活动。喜欢看老电影的影迷可能会记得，偶尔有女演员抱着自己的额头，说她需要"吃片溴剂"来治疗头痛。尽管这些溴盐能有效地减少大脑中体验疼痛所需的神经活动，甚至能让人保持清醒，但它们对肾脏的毒性极大，以致最终下架。它们被阿片制剂取代，而阿片制剂在18世纪和19世纪曾可以无限制地使用。酒精是一种更受欢迎和被社会接受的药物，在许多文化中，包括我们自己的文化中，至今仍具有标志性地位。

酒　　精

酒精（在此指的是乙醇，而非甲醇）可能是第一种焦虑减轻剂。有证据表明，谷物蒸馏制成含酒精的饮料，也就是我们今天所说的啤酒，可能始于约公元前10 000年的肥沃新月地区（位于今天的伊朗、伊拉克、叙利亚和以色列之间）。古埃及人也会生产酒精饮料，在他们的文献中提到了与醉酒有关的社会问题。大约在公元前1600年的其他埃及文献包括100种不同的医学处方都呼吁使用酒精。在随后的几个世纪里，人们发明了几种蒸馏和发酵的酒精，它们都有镇静作用。

酒精在大脑中至少有两个主要作用。首先，它增强了神经递质GABA的广泛抑制作用，对整个中枢神经系统起着抑制剂的作用。因此在19世纪，酒精被广泛用于全身麻醉。不幸的是，它对大脑的抑制作用持续时间太长，不能轻易或安全地控制。使用酒精进行手术镇痛的有效剂量非常接近其致死剂量。因此，足够的酒精量有助于麻醉牛仔以便外科医生从其腿上取下箭头，但不幸的牛仔不太可能活过手术。就算那支箭没有杀死他，一场手术也肯定可以。当然，在20世纪之前，大多数药物都是如此。药物治疗在古代往往弊大于利。

除了对GABA受体的作用外，酒精还会抑制大脑主要的兴奋性神经递质系统——谷氨酸。考虑到谷氨酸在制造记忆方面起到了关键作用，酒精的抑制作用可能是与醉酒相关的失忆的基础。这也可以解释人们喝酒时经常发生的不当行为。只要摄入少量酒精就会对大脑产生明显的刺激，这可能会减弱抑制控制，从而导致大脑各个区域不受限制的活动。哪些行为会首先脱离控制？在通常情况下，饮酒最初会释放所谓的"惩罚行为"，比如不喝酒、不开车、不在公园的野餐桌上裸体跳舞等。你明白了吧——这些行为是父母、警察或我们个人的神性警告我们不要做的。

与大多数影响大脑的药物一样，血液中酒精含量的上升速度也会影响你的行为——血液酒精含量变化越快，对你的行为产生的影响越大。随着酒精含量的增加，你大脑中越来越多的区域会因为酒精增强 GABA 而关闭。最终，当血液中的酒精浓度过高时，由于 GABA 受体的过度刺激，对控制呼吸和心率至关重要的神经元会失活。因此，酒精中毒导致的死亡是因为你停止了呼吸。通常，在这之前，你大脑的呕吐控制中心会在血液酒精浓度约为 0.12% 时被激活。然而，如果你缓慢且稳定地饮酒，你可以偷偷接近这些保护性神经元，用酒精使它们失去活性。一旦发生这种情况，你的身体就不会试图通过呕吐来摆脱胃里的酒精，你血液中的酒精含量会继续上升到致命的水平。因此，在聚会结束时呕吐是一件好事。这是你的身体在试图保护你。

有充分的证据表明，在远古时代，人们测试过酒精在作为一种营养来源之外的潜在益处。不幸的是，副作用通常会大大超过益处。酒精会改变投射到小脑的神经元的活动，而小脑是一个对做出流畅动作的时机和流畅度都至关重要的结构。这导致了人们在饮用酒精饮料后出现的不协调。

最后，我们的饮酒行为在很大程度上受环境影响。那些从酒精饮料的销售中获利的人很清楚这一事实，并在设计环境时充分利用了这一点。

音乐和心跳

对人们在酒吧里的行为的研究发现,时间是酒精滥用的一个主要预测因素。例如,在酒吧逗留的时间越短,消费速度越快。单独饮酒的人停留的时间最短,饮酒量也最多。因此,酒吧里通常会有很多给单人坐的高脚凳。有研究比较了在两种不同环境下的饮酒行为:一种是摇滚酒吧;另一种是西部乡村酒吧。研究发现,饮酒率和每分钟的音乐节拍之间存在相关性。快节奏的音乐与最慢的饮酒速度有关。最接近人静息心率的音乐会带来最快的饮酒量。慢歌的歌词也有助于饮酒行为。一些包含失落、伤害、欺骗、工作、死亡、酗酒、哭泣和自怜的西部乡村音乐歌词与酗酒的增加有关——对此有谁会感到惊讶吗?现场乐队和动感的灯光也提高了饮酒率。下次你发现自己处在这样的环境中时,你可以留意自己的行为如何巧妙地受控于外界因素,并且使你在最短的时间内花最多的钱。

巴比妥类药物

在19世纪末,显然有必要用一种比酒精和阿片更安全的替代药物治疗焦虑。1904年,巴比妥作为第一种巴比妥类药物被引入市场，并以"维罗那（Veronal）"的名字出售。这是一种无毒的镇静剂，由于其抗惊厥的特性，它似乎也是治疗和预防癫痫症状的理想药物。正如你猜到的那样，巴比妥类药物就像酒精一样可通过增强 GABA 受体的功能和产生广泛的突触抑制来减少大脑中的神经活动。

巴比妥类药物的安全性存在很多争议。高剂量的巴比妥类药物是致命的，这就是为什么我们常见的自杀方式包括服用过量的巴比妥类药物。除此之外，戒掉巴比妥类药物时产生的反弹作用包括增加整个大脑的神经活动，它导致的症状往往是服用这些药物的初衷，如焦虑、定向障碍、幻觉、抽搐、失眠、心动过速或噩梦。酒精可以预防巴比妥类药物的反弹作用的这一事实表明，它们在 GABA 受体上的作用是相同的。这就是酒精和巴比妥类药物会在大脑中产生协同毒性的原因。这就意味着这两种药物不能同时服用，因为这会使它们的效果叠加，甚至成倍地增加，并可能导致十分严重的后果，甚至是永久性地丧失大脑的高级功能，从而使人进入植物状态或昏迷。与巴比妥类药物相关的一系列潜在且危及生命的风险促使一种全新的抗焦虑药物上市——这就是苯二氮䓬类药物。

苯二氮䓬类药物

氯氮䓬是第一个苯二氮䓬类（benzodiazepines）药物，最初合成于1947年，1960年首次作为可以平衡情绪的利眠宁（Librium）进行商业销售。此后不久，苯甲二氮䓬（diazepam）被作为安定（Valium）出售，并迅速成为西药处方中用得最多的抗焦虑药物。这两种药物都可在大脑和体内转化为其他精神活性物质。其中一些代谢物是从服用安定和利眠宁的人的尿液中分离出来的，研究者发现它们是能够有效减少焦虑和产生睡意的新药物。由于脂溶性的变化，这些新药物对大脑的作用速度更快，因此起效时间更短。一般来说，在控制剂量的情况下使用它们是安全的，但是停用会突然增加广泛的神经活动，通常表现为失眠和焦虑。最近，一种更新型的药物（非苯二氮䓬类）被介绍给消费者，这些药物也可以减轻焦虑并带来睡意。

所有这些药物，不论是苯二氮䓬类还是非苯二氮䓬类，都只有在GABA存在时才能发挥其作用，并能增强GABA在其受体的作用。这些受体都集中在大脑皮层、海马体、小脑和整个边缘系统。这些受体在海马体中的存在解释了为什么苯二氮䓬类药物会导致失忆。它们可能使海马体中对记忆巩固至关重要的神经回路失活。

最近的研究表明，大脑可能含有自身的安定样化合物，即β-咔啉。其中一些能拮抗GABA的功能，另一些能增强GABA的功能，但所有这些都能抑制并破坏多巴胺、去甲肾上腺素和血清素等神经递质。综上所述，这些效应往往会产生一种温和、轻松的愉悦感。这些内源性抗焦虑化合物的作用平衡是由我们从父母那里继承的基因决定的,这些基因控制着 β-咔啉的产生量,可能使我们在一生中更容易焦虑或懒散。从目前来看,焦虑症可能与 GABA 受体的功能障碍以及这些 β-咔啉的功能平衡有关。

事实上,科学家推测,广泛性焦虑障碍患者的大脑可能从他们的饮食中生成了太多的这类化学物质。有些 β-咔啉可以从我们的饮食成分中自发地形成。例如,咖啡会产生 β-咔啉,而酒精可以被肠道内的幽门螺杆菌转化为 β-咔啉。这些外源性的 β-咔啉产生量是否足够使大脑产生功能性变化还有待确定。然而,已知的是,大脑中产生的 β-咔啉与在植物中发现的类似。例如,通灵藤(*Banisteriopsis caapi*)的提取物含有 β-咔啉骆驼蓬碱。骆驼蓬碱和二甲色胺是亚马孙雨林地区具有轻度精神活性的圣礼饮料死藤水的关键成分。骆驼蓬碱抑制单胺氧化酶,从而延长二甲色胺在大脑中的作用。因为这些藤蔓中的成分类似于大脑使用的分子,服用它会影响一个人的思考和感觉。也许这就是为什么摄入外源性的 β-咔啉来纠正这些分子的内源性失衡会对大脑产生类似的影响。

苦艾酒、味美思酒和修士酒

如果你服用了一种阻断了大脑最重要的抑制性神经递质的药物,你会有什么感觉?你会感到兴奋吗?侧柏酮就是这样一种药物，它阻止 GABA 在大脑中主要受体的活动。人们可以在许多植物中发现它，但它最常与苦艾联系在一起。苦艾的提取物与酒精混合后会生成一种明亮的绿色饮料，叫作苦艾酒。这种酒在 19 世纪中期的欧洲非常流行，尤其是在马奈（Manet）、德加（Degas）、土鲁斯－劳特累克（Toulouse-Lautrec）和凡·高（Van Gogh）等艺术家中。喝这种酒的仪式是要将这种鲜绿色的液体缓慢地倒在糖上，然后用水稀释。这种酒的味道很苦，而且有一定的致幻效果。在 19 世纪末，法国精神病学家瓦伦丁·马南（Valentin Magnan）研究发现，苦艾油会不适当地增加大脑活动，也就是一种癫痫反应。因此，人们认为，由于苦艾酒中所含的苦艾提取物中含有侧柏酮，癫痫反应也是长期使用苦艾酒的后果，包括面部肌肉和四肢的收缩、焦虑、偏执、能量丧失、麻木、头痛、谵妄、瘫痪和死亡。1868 年，一位作者在《美国药物学杂志》（*American Journal of Pharmacy*）上写道："这是一种卑鄙的毒药，它或多或少地折磨了它的崇拜者，把他们变成了蠢货，所以它才会毁灭生命。"20 世纪初，一场针对侧柏酮的运动接踵而至，并导致包括美国在内的许多国家禁止苦艾酒。

然而，今天的人们已经知道，苦艾酒的制作方法使普通的苦艾酒中的侧柏酮含量非常低。因此，在长期饮用苦艾酒的人群中出现的症状更有可能是由于过量饮用不适当的蒸馏酒引起的，而不是因为饮用了苦艾酒。可以肯定的是，侧柏酮是一种 GABA 拮抗剂，可以产生小剂量的兴奋作用，但这些作用是温和的。它在一些饮品中的含量很低,比如味美思酒(来自德语 Wermuth,意思是"苦艾")、查特酒和修士酒。当然,少量的苦艾酒仍然存在,现在大多数国家已经恢复了它的合法销售。

增强GABA

如果你摄入了一种能刺激大脑最重要的抑制性神经递质的植物,你会有什么感觉?你会感到放松和困倦吗?缬草有着复杂的提取物。任何缬草制剂的实际成分取决于所用的缬草种类(至少有350种)和提取方法(水和油)。事实上,这两个特征在决定任何植物提取物的实际成分上都是至关重要的。

世界各地的药典通常包括使用这种植物的提取物作为镇静剂、抗焦虑药物或助眠剂。提取物的药理作用取决于所用物种带来这两种萜烯的不同作用。这种植物的根含有大量的GABA。GABA无法通过血脑屏障。因此,提取物中GABA的存在对于缬草制剂对大脑的作用没有影响。萜烯能够穿过血脑屏障,已经被证明能够刺激GABA受体,并通过阻止再摄取来抑制GABA的失活。不幸的是,在人类身上的研究还不能可靠地证实缬草提取物在产生睡眠或减少焦虑方面的有效性。

噩　梦

　　许多诱发睡眠的药物也会引起噩梦。理解某些药物如何以及为什么会产生噩梦的方法之一是考虑诱发它们的条件。患有大脑性麻痹的儿童经常抱怨做噩梦。无论有没有脑损伤的战争老兵都经常报告自己会做与战争有关的噩梦，这也是今天"创伤后应激障碍"一词的主要来源。大麻已经被证明确实能减少创伤后应激障碍患者的失眠和噩梦。哌唑嗪也是治疗与战斗相关的创伤后应激障碍噩梦的有效选择。大麻和哌唑嗪这两种药物的有益作用令我们深入了解了一些关于噩梦出现的机制。哌唑嗪阻断了一种特定的去甲肾上腺素受体。它最常用于改善前列腺肥大的老年男性的排尿。美国退伍军人管理局的医院发现，哌唑嗪治疗可缓解老年男性退伍军人的两种常见症状：前列腺肥大引起的排尿障碍和噩梦。去甲肾上腺素在噩梦中的作用也得到了发现育亨宾（一种可增加大脑去甲肾上腺素能神经元活性的药物）增加创伤后应激障碍相关噩梦发生数的研究支持。

　　显然，噩梦发生在人们睡觉的时候。科学家将睡眠分为两个阶段：快速眼动睡眠和非快速眼动睡眠。这两个阶段在夜间交替进行，非快速眼动睡眠在入睡后的最初几小时占主导地位。大多数时间，梦发生在快速眼动睡眠期间。任何减少大脑快速眼动睡眠时间的药物都能诱导大脑做出快速眼动反弹的反应。

例如，酒精会减少快速眼动睡眠。因此，如果你喝醉了，血液中的酒精会阻止你的大脑做梦，直到酒精被代谢掉，不再影响大脑功能。一旦发生这种情况，大脑就会花更多的时间在快速眼动睡眠中，也就是快速眼动反弹。发生在快速眼动反弹期间的梦往往是噩梦。停止服用与酒精在GABA受体上的激动作用相同的药物，如大多数苯二氮䓬类药物，也会导致噩梦，尽管它们并不总是抑制快速眼动睡眠。这表明GABA及其相关药物在控制噩梦中起着重要作用。

一个人每晚快速眼动睡眠的持续时间受到神经递质乙酰胆碱作用的严格控制。直接或间接地拮抗乙酰胆碱作用的药物容易引起噩梦。不幸的是，许多药物会在无意中对抗乙酰胆碱，包括抗组胺药、一些三环类抗抑郁药、常用于降低血压的心血管药物、流行的抗溃疡药物雷尼替丁、一些常见的抗精神病药物以及晕车药。服用新型抗抑郁药帕罗西汀后的噩梦发生率最高，它的作用是阻止血清素的再摄取，因此也暗示了这种神经递质系统的作用。因为很多人每天都服用这些常见的药物，所以反复出现由药物引起的噩梦的可能性相当高。

为什么有些噩梦会涉及被活埋或呼吸困难等可怕的感觉？这些窒息的梦通常发生在非快速眼动睡眠中，此时的人的呼吸和心率明显减慢。如果你在经历这些生理条件的时候做梦，你的大脑会把它们的感觉特性整合到你的梦境叙述中。有时，仅仅是紧紧地裹着你的被单就能提供足够的感官刺激，由于呼吸频率的降低，从而诱发了窒息的梦境体验。

  总的来说，增强去甲肾上腺素能神经元或血清素能神经元功能的药物、损害乙酰胆碱能神经元功能的药物、非常不愉快的记忆、酒精和大多数用来减轻焦虑或引起嗜睡的药物，甚至是过度紧绷的被单，都可能引起噩梦。虽然这些药物被广泛应用，但令人惊讶的是，我们大多数人并不是每晚都会经历噩梦。

第八章
上古遗迹

一些原始的多细胞生物会在神经系统中使用结构简单的氨基酸，比如刺胞动物门中水螅（*Cnidarian hydra*）的神经系统非常原始，食管的构造也极其简单，它会利用 GABA 和谷氨酸以及一些小分子蛋白质作为神经递质。这样的现象说明，这些氨基酸与蛋白质是原始神经系统使用的第一个信号分子。如果我们从水螅的"大脑"中提取一些蛋白质，并将它们注射到人类神经元中，人类神经元会产生与多细胞生物神经元相似的反应。

实际上，水螅的神经系统使用的蛋白质与人类大脑用来帮助我们思考和感受的蛋白质相同。这些古老的蛋白质被称为神经肽。神经肽的构造类似一串念珠，每个珠子代表一个氨基酸。神经肽可以用少量或是多达数百种的氨基酸组装而成。我们的身体含有许多不同类型的神经肽，这些神经肽根据我们饮食中含有的氨基酸种类以及数量组装而成。产生以及释放这些神经肽的神经元遍布人体大脑以及身体其他区域，神经肽可以控制激素的释放和血液中营养的吸收，从而影响身体机能。

神经肽的进化史非常有趣，它向我们讲述了自身的功用以及为什么神经肽只在人体的特定部位起作用。由胰腺产生的胰岛素是一种非常重要的神经肽。一些神经科学家推测，一种胰岛素样多肽可能是许多神经肽的共同祖先。例如，生长激素和催乳素分别控制乳房发育和母乳产生，虽然这两种多肽在大约3.5亿年前就已经从共同祖先那里分化了，但它们同时协助了女性的生理成长以及对新生儿的护理。对哺乳动物和多细胞生物的研究证实，进化并不会改进某些分子。因为如果一个分子能够有效地行使功能，它往往会在之后的各个世代被延续使用。

但有时，一些神经肽也会被有目的性地轻微修饰。大多数动物毒液都来自与神经肽有关的前体，有些在1亿多年前就存在了，它们经历各种修饰和突变后留存至今。虽然如今的毒素与亿万年前的毒素有结构上的差别，但这些毒素仍然保留了和其亲本相似的功能，比如胰岛素样多肽虽然与胰岛素有结构上的差异，但它仍然可以控制血糖水平。得益于各种生物之间的共同进化史，科研人员能够从不同复杂度的生物中提取毒素来研究人脑神经肽的功能。过去30年的研究表明，人体内存在100多种不同的神经肽和神经递质。它们的浓度虽然很低，但极具效率。

这一章主要介绍神经肽和神经递质，随着人们对大麻镇痛与成瘾的研究，神经肽逐渐为人们所熟知。另一方面，这一章也讨论了一些不通过神经肽行使镇痛功能的药物。这两种药物的对比很有趣，它向我们展示了人体为缓解自身痛楚而采用的多样性策略。

阿片与阿片样神经递质

很久之前，人们就知道，从罂粟植株上提取的阿片[1]可以产生让人愉快的感受，同时也可以促进睡眠。大约在公元前4000年，苏美尔人（巴比伦人）将罂粟植株的图案雕刻在石碑上，同时写下了"hul（欢乐）"和"gil（植物）"字样的碑文。在公元前1世纪的维吉尔古典文学作品中，罗马睡眠之神索莫纳斯（Somnus）会随身携带罂粟和盛放阿片的容器，并将其中贮藏的汁液滴入熟睡者的眼睛。

公元前1500年，古埃及的埃伯斯蒲草纸中记录了阿片在医疗中的用途，阿片当时是治疗儿童持续性哭泣的药物。阿片在希腊医学中也发挥了至关重要的作用，根据古希腊最伟大的医生盖伦（Galen）的记录，阿片在当时是一种解药，可以治疗头痛、眩晕、耳聋、失明、失语、咳嗽、绞痛和黄疸。他还提到了阿片被制作成甜品，供人们消遣娱乐。

后来人们又将阿片提取物添加到各种酒精饮品中，开发了多

---

[1] 医药上用作止泻药和镇痛药时，称作阿片。它具有很强的成瘾性，也是一种毒品。用作毒品时，叫鸦片。——译者注

种阿片制剂。17世纪，托马斯·西德纳姆（Thomas Sydenham）博士自制了名为鸦片酊的阿片酒，其中包含57克经过滤的阿片、28克藏红花以及少许肉桂和丁香，并将它们溶解在0.6升葡萄酒中。19世纪的作家托马斯·德·昆西（Thomas De Quincey）用鸦片酊治牙痛，并在1821年写下《英国鸦片食者自白》（*Confessions of an English Opium-Eater*）一书，记录了他使用鸦片酊的体验。另外，阿片加上樟脑和茴香油，混合后可被制成止痛剂，它在20世纪中期也用于治疗婴幼儿的腹泻。

1806年左右，弗里德里希·塞拓纳（Friedrich Sertürner）在德国帕德博恩担任药剂师学徒时分离出了阿片的主要活性成分，并以希腊梦之神墨菲斯（Morphius）的名字将这种物质命名为吗啡。在后来的研究中，人们又发现了另外一种阿片的活性成分——可待因，在希腊语中意为"罂粟顶端"。1874年，化学家将两个乙酰基连接到吗啡上合成了海洛因，拜耳实验室于1898年开始销售这一产品，并将它宣传为可待因的"非成瘾"替代品。这两个乙酰基增加了海洛因的脂溶性，因而让海洛因可以比吗啡更迅速地进入大脑。但海洛因进入大脑时，无法直接发挥作用，必须通过相关的酶去除这两个额外添加的乙酰基，将海洛因转化为吗啡后才可以起到缓解疼痛或使人兴奋的作用。

吗啡、可待因和海洛因在大脑中的作用与剂量有关。小剂量会促进睡眠，缓解焦虑，分散注意力，松弛肌肉，缓解疼痛，抑制呼吸，缩小瞳孔，缓解恶心和咳嗽症状，这也是可待因被用作止咳药的原因。提高吗啡和海洛因的剂量会产生强烈的快感。快感强度与它们进入大脑的速度有关,而进入的速度又与它们的脂溶性有关。直接将这些药物注射到静脉中会极大地加速它们进入大脑的速度,这也就最大限度地增强了快感。成瘾者将这种静脉注射药物的感受描述为腹部高潮,胃部下方感受到一股暖流,带来强烈又不同寻常的快感。然而如果只通过吸入或吞咽的方式给药,使用者就不会有这样的感受,因为药物在这种方式下的扩散速度较慢,带来的快感较小。

初值定律决定了人们对药物的不同反应。在情况良好、情绪稳定的人群中,吗啡可能会引起紧张和焦虑。相反,在情绪低落或高度兴奋的人群中,吗啡会产生快感。然而,非常高剂量的吗啡会导致大脑活动严重衰退,甚至可能致命。大脑呼吸中枢被抑制导致无法呼吸是常见的死亡原因。

在了解了吗啡的作用机理后,许多科学家预测大脑拥有内源性阿片样神经递质和内源性阿片受体。在20世纪70年代中期,研究证实大脑确实含有被称为"内啡肽"的内源性吗啡样多肽。这些多肽会阻止疼痛信号流入我们的大脑,从而减弱疼痛的感受。服用阿片类药物(例如吗啡)或是参与产生内啡肽的体育活动(例如慢跑)可以增强阻止疼痛信号流入大脑的过程。

古人也使用其他植物提取物应对疼痛。没药是从没药树(*Commiphora myrrha*)树皮的树脂中分离得来的,曾经被制作成外用涂剂,在中国传统医学中就被用于治疗关节炎。没药可以通过大脑内源性阿片受体缓解疼痛，它可能比吗啡还有效。还有另一种从乳香木（*Boswellia sacra*）的树脂中分离得来的乳香，它具有类似于阿司匹林的消炎作用。在古代，乳香和没药会被制作成缓解产后疼痛和减少分娩出血的药膏。它们还会被烧成香，被人们誉为极具价值的礼物。

古人当时并不了解阿片的神经学原理或是疼痛的产生方式。那时，如果一个人感到疼痛却并没有明显受伤的痕迹，灵魂疗愈师和医者会用神话故事来解释疼痛的来由，同时用柳树或没药熬汤施以治疗，如果治疗碰巧有效，会大大提升他们的社会地位。随着现代科学的发展，人们对疼痛以及药物的机理有了更多了解。

吗啡样蛋白质以及许多其他能够作用于大脑神经递质受体的精神化学物质可能源自许多常见的食物，比如：牛奶；鸡蛋；奶酪；大米、小麦、黑麦、大麦等谷物；菠菜；蘑菇；南瓜；肉类；各种鱼类，如金枪鱼、沙丁鱼、鲱鱼和鲑鱼。奶制品含有酪蛋白，这种蛋白质会在肠道中转化为 β-酪蛋白吗啡。新生儿进食时，由于并没有成熟的血肠屏障，β-酪蛋白吗啡会通过肠道传出后进入大脑产生愉悦感。人们根据这一特点推测，正是这种愉悦感让新生儿持续产生了进食的欲望。成年人拥有完好的血肠屏障和血脑屏障，因此喝牛奶后不会产生和新生儿一样的愉悦感。如果饮用牛奶就能体验到使用海洛因和吗啡所带来的兴奋和镇痛作用，那么牛奶肯定会供不应求的。我的学生每年都会问，我们早餐食用的松饼和百吉饼含有罂粟种子，它们会不会具有缓解疼痛或产生其他精神活性的功效呢？答案是否定的，其中的阿片含量太低，不致产生效果。尽管如此，我们仍可以在食用后数小时内从食用者尿液中检测出吗啡和可待因含量。

一些谷物，例如小麦、大麦和黑麦中都含有和肠道相关的化合物，称为谷吗啡。但现在仍不清楚谷吗啡对人们的认知功能是否有影响。

麸质与大脑

麸质对每个人都有害吗？不是的。如果你不对麸质过敏，那么根据一个拥有超过15 000名被试并持续进行了30年随访的大型研究结果，不吃麸质是一个坏主意。肥胖症如今是许多国家普遍面临的健康问题，同时也可能引起2型糖尿病，这种疾病会诱发氧化应激反应以及脑部炎症反应，同时会增加罹患阿尔茨海默病的风险，摄入麸质可以降低患2型糖尿病的风险。2017年，美国心脏病学会（American College of Cardiology）建议，没有医疗需要的人无须采用无麸质饮食，同时指出，虽然现在有很多人推崇无麸质饮食，但无麸质饮食的许多健康主张都没有得到科学研究证实。因此，如果你不对麸质过敏，那么不需要刻意采用无麸质饮食。

第九章

睡眠与清醒

为什么治疗普通感冒症状的药物会让我们昏昏欲睡?咖啡是如何给我们提神醒脑的?这一章简单介绍了一些影响睡眠周期的神经递质以及其他阻止其作用的物质。其中一种神经递质叫作组胺,负责我们一整天的唤醒水平。用于治疗过敏和感冒症状的非处方抗组胺药物会阻断组胺的受体,干扰组胺帮助我们保持兴奋和清醒的能力。而其带来的结果就是让我们进入昏昏欲睡的状态。与此同时,因为GABA能神经元会通过关闭组胺能神经元和乙酰胆碱能神经元,导致我们更加困倦,所以任何增强GABA作用的药物,如酒精、巴比妥类药物或安定等都会与非处方抗组胺药物协同作用。因此,如果同时服用这两种药物,可能会影响大脑活动,甚至是引发危及生命的抑郁症。

腺　苷

腺苷这个神经递质在大脑中有多种功效，都与睡眠周期有关。人们目前对腺苷的了解相对比较多，那是因为全世界都在使用一种非常安全、高效的腺苷受体拮抗剂——咖啡因。茶中的茶碱（一种与咖啡因非常相似的分子）也含有咖啡因。事实上，虽然至少有63种植物中都含有咖啡因，但是全球54%的咖啡消费仅来自两种咖啡豆——阿拉比卡咖啡（*Coffea arabica*）和罗布斯塔咖啡（*Coffea robusta*）；43%来自茶（*Camellia sinensis*）。

咖啡含有丰富的生物活性物质，如葫芦巴碱、喹啉酸、单宁酸和焦性没食子酸。维生素 B_3（烟酸）是在咖啡豆烘焙过程中从葫芦巴碱中大量生成的。冲泡咖啡会产生低量的丙烯酰胺，这种物质在高剂量下是有毒的，但是无论你喝多少咖啡都不会达到这个剂量。丙烯酰胺通常也存在于土豆和谷物制品中，如炸薯条和薯片。咖啡也是抗氧化剂的丰富来源。咖啡豆中的各种成分对咖啡的各个方面都有影响。例如咖啡的苦味要么很吸引人，要么令人感到排斥。一些商家发现了一种去除苦味的方法，就是通过亚洲麝香猫的胃肠道"过滤"咖啡豆。麝香猫是夜行性杂食动物，它们吃的豆子会经过胃肠系统，但是不会被消化。这些商家把这些豆子从这种猫的粪便中提取出来，清理干净，然后出售。这个过程并不诱人，但是据说动物的消化酶会代谢掉导致咖啡的苦味的蛋白质。虽然这并非不可能，但是这种豆子带来的新奇的味道很可能源自豆子在猫的肠道内吸收了一些并不吸引人的物质。

摄入咖啡因可以显著降低患帕金森病和阿尔茨海默病的风险。要想达到这种保护神经的效果需要连续多年每天喝5～6杯咖啡，而且似乎只对男性有益。女性在其他方面也受益于喝咖啡，尤其是在降低2型糖尿病发病率方面。

与过滤过的咖啡相比，未经过滤的煮过的咖啡会增加血清中低密度脂蛋白（有害胆固醇）水平，而不会影响血清中高密度脂蛋白（有益胆固醇）水平。因此，咖啡的成分可能会改变我们代谢和分配脂肪的方式。但这是否意味着腰部脂肪会减少呢？澳大利亚南昆士兰大学的科学家试图回答这个问题。当患有糖尿病的肥胖大鼠摄入30周的咖啡因后，它们调节血糖和胰岛素水平的能力都得到了改善；不幸的是，它们血液中的胆固醇水平明显升高。生活在"自助餐厅"的大鼠通常会摄入大量的碳水化合物和脂肪。研究表明，这些大鼠出现了代谢综合征的症状。其特征是肥胖、极度紧张、葡萄糖耐量受损、心血管损伤、脂肪肝和血脂升高。每天喝大约5杯煮好的咖啡对这些大鼠有显著益处，因为它可以改善心血管系统的健康，降低血压，改善肝功能和葡萄糖耐量。它们的心肌收缩性得到了改善，这与运动员常见的心脏肥大很相似，在这种情况下，心脏实际上变得更强大了。澳大利亚科学家得出结论，喝咖啡有很多健康益处，而减少腹部脂肪并不是其中之一。

总的来说，每天喝大量咖啡的人比不喝咖啡的人长寿。此外，最近的研究表明，每天适量地饮用2～3杯咖啡可以降低患阿尔茨海默病的概率。到目前为止，还没有证据能够确切地肯定咖啡、糖尿病和脑部疾病之间的关系，但是血液中胰岛素水平的升高可能是一个关键的衔接因素，因为2型糖尿病使人（不论男女）更容易同时患上帕金森病和阿尔茨海默病。

许多人靠喝咖啡来减轻睡意。那么咖啡因是如何影响大脑的呢？这首先就要考虑负责控制注意力的乙酰胆碱能神经元的功能。腺苷消极控制着这些神经元的活动，这意味着当腺苷与乙酰胆碱能神经元上的受体结合时，它们的活动会减慢。大脑中腺苷的产生和释放与你清醒时的代谢活动有关。因此，当你的大脑在白天活动时，乙酰胆碱能神经元附近的腺苷浓度不断增加。随着腺苷水平的增加，它们很稳定地抑制着你的乙酰胆碱能神经元，你的大脑活动会逐渐缓慢，你开始感到昏昏欲睡，最终进入睡眠状态。茶碱之所以能起作用，是因为茶碱和咖啡因一样，是腺苷受体的强效阻滞剂，因此也能抑制由腺苷引起的睡意和睡眠。然而，有的人可能做得太过了。我的一个学生决定测试一下这个方法，于是直接从盒子里拿出一包速溶咖啡。他发现自己非常喜欢这种咖啡，于是决定把一整盒32包咖啡都喝掉！直到3天后，他的爆发性腹泻才停止，终于筋疲力尽地睡着了。

你所学过的知识告诉你，部分药物会令人产生愉悦感，这可能使你怀疑咖啡是不是也会以某种方式影响多巴胺能神经元。这么想你就错了。最近的 PET 研究表明，摄入咖啡因并不会激活多巴胺能神经元。

为什么咖啡能给我们带来愉悦感？

我们都记得自己品尝的第一杯咖啡，或许它的味道并没有那么美味，但它总能让你在没有睡好觉的一夜后保持清醒。如果你曾经为了减轻纤维囊性乳腺疾病的症状等其他原因而不得不放弃摄入含咖啡因的咖啡，你就会很清楚地发现自己在那段时间更加渴望咖啡因。为什么会这样？科学家曾认为，咖啡因刺激了神经递质多巴胺的释放。多巴胺会令人产生愉悦感，就像人们早上喝第一杯咖啡时产生的愉悦感一样。许多能令人产生快感的药物或毒品，如可卡因、苯丙胺和摇头丸，都是因为大脑中的多巴胺。咖啡的这种作用已经不能充分解释为什么咖啡因是世界上被最广泛使用的精神活性物质了。然而与这些药物相比，咖啡因对大脑的奖励机制缺少刺激，这也就能解释为什么咖啡因对大脑的影响比较温和了。尽管咖啡因没有办法令人感受到强烈的快感，但是当它与尼古丁、苯丙胺和可卡因等刺激性药物结合时，咖啡因的性能会显著提高。我推测，正是因为咖啡的这种特质，才令多数服用治疗注意缺陷／多动障碍药物的学生也都是重度咖啡消费者。咖啡能让我们饮食中含有的其他成分变得更美味，这也可以解释为什么 80% 的北美人的大脑中一生都有可测量到的咖啡因含量。

　　然而，我们真的都渴望更多的刺激吗？为什么对有些人来说，咖啡就像可卡因一样，他们总是渴望它，并且总是手握一杯咖啡以确保时刻都有足够的供给？伏尔泰（Voltaire）、巴赫（Bach）和贝多芬（Beethoven）都表达过他们对咖啡的热爱，并且利用咖啡来提高他们的创造力。我的一个学生说，他每天早上来上课前都要喝两壶咖啡（相当于20杯）。他表示，直到他无法控制手不停地颤抖时，他才明白是时候停止摄入咖啡了。这个学生的经历让我想起了法国小说家奥诺雷·德·巴尔扎克（Honoré de Balzac）的诗句：

　　"这种咖啡直冲进胃里……头脑被唤醒，思想像战场上的大军一样涌出……记忆以全速奔跑……轻骑兵出色地部署；逻辑的炮兵带着他们的弹药列车匆匆而来；他机智得像神枪手一样闪现。"

　　于我而言，这种成瘾程度已经超越了神经递质系统的可承受范围，这也就解释了为什么巴尔扎克可能死于咖啡因中毒。

　　近期，来自罗马的科学家的一份报告概述了咖啡成瘾的特性如何能够影响大脑中大麻样神经递质系统。当你刚开始喝咖啡的时候，你想要刺激，你得到的也只是刺激。不过，要想度过这一天，你需要做的就是更加专注和警觉。当你继续喝咖啡时，你的肝脏会通过有效的咖啡因代谢来弥补饮食中额外的化学物质。你的大脑也会做出相应的调整，以至你每天需要越来越多的咖啡来达到同样程度的刺激和警觉。与此同时，你的大脑里发生了一些更神秘的事情：咖啡因已经开始刺激你大脑内的神经递质系统了。这些生理上的调整让早上的一杯咖啡能为你带来一种全新的愉悦感。此外，这也令人很难做到不去喝第三或第四杯咖啡。

无咖啡因的咖啡

当一天结束的时候，你并没有摄入足够的咖啡来预防帕金森病、阿尔茨海默病、前列腺癌或糖尿病。也许是时候喝杯无咖啡因的咖啡了。然而，不含咖啡因的咖啡是否和含咖啡因的咖啡一样有益健康？答案是肯定的。幸运的是，不管有没有咖啡因，咖啡都含有酚类等丰富的生物活性物质，这些物质都具有抗氧化和抗癌的特质。一些研究表明，烘烤咖啡豆时产生的油可能通过增强胰岛素的作用来消除血液中的糖分，从而对控制血糖产生有利的影响。葫芦巴碱是维生素 B_3 的一种分子。它含有的甲基基团可以防止变形链球菌（*Streptococcus mutans*）附着在牙齿上，从而帮助预防龋齿。葫芦巴碱在温度高于 71℃ 时的状态是不稳定的——它的甲基会脱离，释放维生素 B_3。维生素 B_3 是在咖啡豆烘焙过程中从大量的葫芦巴碱中生成的。2～3 杯浓咖啡足以提供一半的建议摄入量,还可能有助于降低血液中的胆固醇水平。咖啡中含有的绿原酸是一种抗氧化剂,其潜在功效可能就是喝咖啡预防2型糖尿病的基础。绿原酸可以减少肝脏产生的葡萄糖,并降低血糖在血液中的峰值。人们认为咖啡树就是用这种化学物质来防御病毒、细菌和真菌的;它可能为人类提供了同样的益处。

阿魏酸是一种可以中和自由基的抗氧化剂。当我们没有使用防晒霜时,阿魏酸能够帮助我们防止紫外线对身体造成的氧化损伤。它还可降低血糖以及胆固醇和甘油三酯的水平。不论是不是含有咖啡因的咖啡,这些都是咖啡对于身体健康的益处。含咖啡因的咖啡已经被证实会增加血压且对心血管疾病患者的健康构成威胁。幸运的是,不含咖啡因的咖啡不会造成这种风险。

咖啡还是茶?

一项研究曾经对一大群经常喝咖啡或茶之人(每周约喝5杯咖啡或茶)的认知减退进行了长达9年的观察。总的来说,与喝咖啡的人相比,喝茶之人的认知能力下降速度慢一些,但差别不大。喝咖啡的人通常也是吸烟者。此外,与喝茶的人相比,喝咖啡的人摄入的热量更多,吃的水果更少,并且有久坐不动的生活方式。因此,19世纪的荷兰内科医生科尼利厄斯·邦特库(Cornelius Buntekuh)可能给出了最好的建议——"人们每天都要喝茶，尽可能每小时喝一次茶；从每天10杯开始，增加到胃能容纳的最大剂量和肾脏能排出的最大剂量"。或许，这只是一种夸张的说法，但是你们应该能明白我的大意。

为什么你醒来后会感到疲倦？

每当闹钟响起的时候，你可以马上醒来，但是你仍会感到昏昏欲睡，这是为什么？在你已经睡满8小时的情况下，早上醒来的你难道不应该神清气爽、精力充沛吗？实际上，有很多方法可以解释这一现象。

在早上醒来之前的几小时里，你大部分时间都在快速眼动睡眠中做梦。你的大脑在做梦时非常活跃，并迅速消耗了大量的能量分子三磷酸腺苷（ATP）。ATP中的A代表腺苷（adenosine）。大脑中腺苷的产生和释放与睡眠时的代谢活动有关。大脑中腺苷水平的增加和嗜睡程度的增加有直接联系。这是为什么？因为腺苷作为一种神经递质会抑制（比如关闭）许多种神经元的活动，包括释放多巴胺、血清素、去甲肾上腺素和谷氨酸的神经元，而这些神经递质都是负责让你兴奋和专注的。你之所以睡意蒙眬地醒来，是因为当你做梦时，你大脑中聚集的腺苷碎片正在积极地关闭这些分散在你大脑中的主要的神经系统。

昨夜和你一起入睡的人

有研究曾对情侣的睡眠质量进行了调查。研究深入调查了非快速眼动睡眠和快速眼动睡眠之间的平衡，以及他们对自己睡眠的主观看法。对于女性来说，与男性同床共枕对睡眠质量有着负面影响。然而，在没有改变客观结果的情况下，在睡前发生性行为减轻了女性对自身睡眠质量的负面评价。也就是说，虽然她们的非快速眼动睡眠和快速眼动睡眠间的平衡仍然不正常，但是她们对自身睡眠质量的评价有所提高。相比之下，无论是否有过性接触，男性的睡眠质量不会因为有女性伴侣而降低。与女性相比，男性对独自睡觉时的睡眠质量的主观评价较低。因此，男性会从与女性同床共枕中受益。除非在睡前发生性接触，否则女性不会从与男性同床共枕中受益——即便在睡前发生性接触，她们的睡眠仍会受到影响。

晚间型与晨间型

晚间型的人的起床时间比较晚，他们的身体和精神状态通常会在下午或者晚上表现得最佳。与晨间型的人相比，晚间型的人明显更容易出现较差的睡眠质量、日间功能障碍以及与睡眠相关的焦虑。更令人不安的是，在年轻健康的被试中，睡眠较晚的被试的海马体体积日渐减小。海马体的萎缩与学习能力和记忆力受损有关。很明显，因为你醒着的时间更长，晚睡亦会令你摄入更多热量。

你昨夜有没有饿着肚子入睡？

睡前吃点东西或许能帮助你睡个好觉。最近的一项研究表明，吃一些甜的东西可能有助于引起睡意——血糖水平的升高会增加促进睡眠的神经元的活动。这些神经元位于大脑中一个没有血脑屏障的区域。因此，当它们感觉到血液中有糖时，就会使人昏昏欲睡。这也许可以解释为什么我们在饱餐一顿后会想要小睡一会儿。这是证明大脑需要大量糖分才能维持正常功能的又一个证据。对大多数人来说，晚上睡个好觉并不总是那么容易。随着年龄的增长，正常的睡眠节奏逐渐被打乱，会导致白天变得嗜睡。

睡眠不足怎么办？

虽然科学家目前还没有足够的证据和理论来支持我们为什么一定需要睡觉，但是他们已经发现我们每晚需要6～8小时的睡眠。睡眠不足容易引起争吵，同时也更容易把注意力集中在消极的记忆和情绪上。这种情绪波动可能是由于额叶对边缘系统的控制力受损。我们会变得更加难以跟上对话，更有可能无法在谈话中集中注意力。睡眠不足会损害记忆存储，还会让我们更有可能"记住"那些实际上没有发生过的事情。极度缺乏睡眠还会导致决策能力受损，甚至出现幻视。长期睡眠不足会使人有患上自身免疫性疾病、癌症、代谢综合征和抑郁症的风险。最近的一些研究报告指出，睡眠对于清除大脑中异常的或许含毒的蛋白质非常重要，这些蛋白质的积累会增加老年人患上神经认知障碍的可能性。所以不管你此刻在做什么，希望你最好是一个人，停下来，小睡一会儿。

第 十 章

增强大脑的方式及流言

总的来说，我们对人类大脑的认识至今仍不完整，在我们尚未挖掘的知识领域，存在许多未解的问题和未经证实的理论，而它们事关你作为有情感、有意识的个体经验的方方面面。于是便产生了数不清的流言来解决我们的困惑。这其中就包括大脑功能会随着年龄的增长而下降以及有助于老化的脑功能恢复的药草。我们的大脑会在一生中不断变化，但并不总是朝着好的方向变化。大脑为什么会改变？认知能力下降的原因有很多，包括过度刺激GABA受体的药物、拉莫三嗪或锂等钙离子通道阻滞剂、神经认知障碍等脑内和体内的各种疾病、头部受伤、激素失调、饮食营养不足或过量、重金属中毒、睡眠不足以及长期的压力。治疗方法根据病因而异。好消息是，有时候，这些治疗能相对有效地补偿或者帮助病变或受伤的大脑恢复。

目前，还没有治疗方法可以逆转大脑的正常老化——这也是导致认知能力下降的主要原因之一。换言之，尽管最近的研究已经致力于实现这一目标，但要增强一个正常老化的大脑的功能是不可能的。这一事实并没有阻止商家在互联网等地方投放大量广告，并且声称他们的产品是有效的大脑促进剂或认知增强剂。一般来说，这些产品是利用兴奋剂来提高大脑性能的。值得注意的是，兴奋剂仅能提高大脑的性能，但并不代表它们能够提高智力或认知功能。之前提到的咖啡、苯丙胺和尼古丁都是典型的可能提高大脑性能的兴奋剂。这个过程涉及某些神经递质，但它们并不会提高一个人的智力，也不会阻止随着年龄的增长而下降的认知能力。我们之所以相信认知增强剂的流言，是因为我们常常把快速的反应和真正的智力混为一谈。这就好比我们有时会下意识地认为说话快的人比说话慢的人聪明。这种假设有一定道理吗？通常没有，但有时答案可以是肯定的。让我们来看看为什么会这样。

受到前脑多巴胺水平的影响，一个有趣且令人惊讶的智力预测指标是手指敲击的速度。多巴胺在控制运动时间方面起了重要作用。例如，帕金森病患者的前脑多巴胺水平降低，所以他们的行动缓慢。在疾病的晚期，这些患者还会出现精神功能衰弱。对大脑计时系统的研究证明了多巴胺的重要作用。快速敲击手指的人通常思维敏捷，他们处理信息的速度与他们的智力测验成绩相关。那么，如何解释喝咖啡并不能让我们变得更聪明呢？可以把大脑的信息处理速度与计算机的信息处理速度相比较。如今，大多数人使用每秒处理千兆字节数据的计算机；但是几年前，您可能还在使用每秒处理兆字节的计算机。我们并不认为今天的计算机更智能，只是速度更快。然而，当前计算机处理数据的方式使它们显得更智能。你的大脑就好比计算机，多巴胺负责大脑的"时钟频率"，也就是你的大脑处理信息的速度。前脑中拥有越多的多巴胺，越可以加快手指的敲击速度，这与智商形成了正相关关系。

几乎可以肯定的是，除了多巴胺的释放，大脑还有许多其他的特征会影响智力。它会让我们反应得更快，但并不会让我们变得更聪明。然而，增加多巴胺释放的药物往往是兴奋剂，它们会通过加快我们的反应速度从而令我们感到兴奋。但它们也被严重地滥用了。人们不会使用海洛因或酒精等不增加前脑多巴胺释放的药物来使自己变得更聪明。这些药物会令你的行动缓慢，让你觉得自己头脑不清醒且愚蠢。那么，为什么不能服用大量兴奋剂来提高大脑的信息处理速度，让自己看起来像一个天才呢？答案是你的大脑可能已经在其安全范围之内以最快的速度高速运转着。我们大多数人都可以毫无风险地稍微提高大脑处理信息的速度。不幸的是，大脑的神经加工速度距离癫痫在每秒内只差几个动作电位了。事实上，你的大脑运转得如此之快是为了让你在面对许多不同的刺激时更快速地辨别大脑的异常状况，比如轻微的头部损伤、脑卒中、肿瘤、血管异常或小量出血等。考虑到大脑生化的局限性，此时的我们很可能已经是作为这一物种的进化过程中最聪明的状态了。

你的大脑有数百万年的进化史，因此它是一个非常复杂的产品。它在不断变化的环境中适应并且解决生存问题。在人类进化的过程中，一些大脑结构会在某一时刻为了解决一个问题而进化，然后被用来解决另一个相关问题。到目前为止，正如我们所谈到的，它的神经递质也是如此。总的来说，你的大脑运作的频率相当快，但是效率不高，这可能就是为什么兴奋剂能让我们更好地完成一些任务。大脑的进化与智力无关，它只是尽其所能地让我们在当前的环境中生存和发展。如果可适应的环境变化得足够快或太快，就无法保证我们这个物种能生存下去。毕竟，在地球上已知存在过的物种中，97%以上的物种已经灭绝。没有一个物种拥有完美的身体或大脑，从而能够在所有环境中生存下来。诺贝尔奖得主法国生物学家弗朗索瓦·雅各布（Francois Jacob）写道："进化是一位修补匠。"也就是说，它并没有刻意创造任何超出当下生存需要的功能。这就是为什么我们以及地球上的所有其他物种总是容易受到环境的重大变化的影响。总的来说，是环境的力量影响了我们的大脑，而不是任何超出生存需要的意图。在这一领域工作的脑科学家仍然抱有希望，他们认为可能存在一些改进大脑性能的余地。然而，到目前为止，除了提高大脑的加工速度之外，还没有人能够设计出一种药物来真正地让一个人变得更聪明。如果我们研究一下如今市场上所谓的记忆增强剂和认知增强剂，就会发现它们含有咖啡因、糖、一些特殊的氨基酸和一些维生素，它们加在一起除了让我们变得更穷之外，没有任何用处。我再重复一遍——到目前的21世纪为止，暂时还没有任何东西能让我们变得更聪明。所以，请不要把你的金钱浪费在任何类似的药物上。然而，也不要为此感到绝望。

有趣的是，一些我们通常认为不健康的物质可能对大脑的衰老产生有益的影响。例如，尼古丁和烟草可能具有神经保护作用，因为烟草中含有高浓度的化学物质，是重金属的有效螯合剂。无论如何，吸烟的人患帕金森病的概率较低。大量饮用含咖啡因的饮料也能降低帕金森病的发病率。经常饮用酒精饮料，主要是啤酒，与阿尔茨海默病的推迟发病有关。这可能是因为酒精能够降低血液中的胆固醇水平，而胆固醇水平直接关系到老年人患阿尔茨海默病的风险。大麻[1]也可以减少与自然衰老相关疾病的发病，包括多发性硬化症、帕金森病、阿尔茨海默病、亨廷顿氏病和各种自身免疫性疾病。最近的几项研究表明，在20世纪60年代吸食大麻（尚没有经过基因改造来增加其中一两种成分的含量）的人现在患阿尔茨海默病的可能性有所降低。

但一般来说，大麻并不被认为对大脑有益。一种明显会损害记忆的药物是如何保护大脑避免患上阿尔茨海默病的呢？答案是，在正常的衰老过程中，大脑内的化学物质发生了一系列变

---

[1] 正如后文所言，此处对大麻、烟草、酒精的讨论仅基于对既往使用了这些物质的人群与衰老相关疾病的数据的科学探讨。不论是过量饮酒，还是吸烟，均有害健康。吸食大麻等毒品更属于违法行为。珍爱生命，敬请远离毒品。——译者注

化，改变了大脑对大麻的反应。PET 研究表明，30岁以后的大脑逐渐显示出越来越多的炎症迹象。随着年龄的增长，大脑的炎症会持续恶化，导致新生神经元（即神经发生）的减少，而新生神经元对形成新的记忆至关重要。相比之下，年轻的大脑没有表现出炎症迹象，因此更容易受到吸食大麻的负面影响。我实验室的研究表明，刺激大脑中的大麻受体可以减少大脑的炎症，恢复神经新生，从而提供保护。因此，在以后的生活中，大麻实际上可能对大脑有益，而不是有害。只需要极少量的大麻（相当于每天只吸一口）就有助于老年人的大脑。对患阿尔茨海默病的人类和动物的研究表明，在中年时期长期地每日极低剂量地接触大麻植物中复杂的混合化合物可以有效地延缓阿尔茨海默病的大脑过程。

不要认为这样做可以让你免于上述疾病的蹂躏，这不是一个鼓励你吸烟、吸大麻或者喝啤酒和咖啡的广告。我提到这些物质的益处只是为了强调一点：科学家之所以知道经常使用这些草药和降低与大脑自然衰老相关的疾病的发病率之间的相关性，是因为在过去的1000年里，数以百万计的人服用了数十亿剂量的这些物质，但直到最近，详细的记录才使我们能够观察到这些药物所提供的相当微妙却非常一致的益处。因此，正是因为这些药物被广泛滥用了，我们才能发现它们对大脑的正面作用。或许在未来会有更奇特的新药被发现，但是如果很少有人愿意花时间长期吃足够的分量，流行病学家也无法注意到它们对大脑的隐藏的益处，而这一切的前提是这种药物真的存在。

许多植物含有的化合物应该能够增强大脑的功能或者在大脑受伤后保护神经元。例如，土豆、西红柿和茄子中含有的茄碱和 α-卡茄碱可以提高乙酰胆碱的作用。山药中含有的薯蓣皂苷元可以在短暂的血流量减少后保护大脑。然而，吃这些食物并不能改善记忆。从理论上讲，吃蚕豆（不管配不配一杯上好的基安蒂葡萄酒）都会让你的心情稍微好一点，因为它们都含有左旋多巴——一种可产生多巴胺的前体，而多巴胺又是大脑中负责奖赏系统的化学物质。但是吃蚕豆没能让你真的感觉到更快乐的原因是，蚕豆的成分在一定浓度以下无法进入大脑中的活动部位，因此还不足以对脑功能产生显著影响。这也许可以解释为什么没有人会兜售土豆、蚕豆或者茄子来治疗神经认知障碍。

可以肯定的是，现在还有人在兜售治疗精神衰退的"良药"。我倒希望这真的有解药，那么我将是第一个购买的人。我们都宁愿只要吃下一片药，就可以不顾一切地吃我们想吃的任何东西，也不愿听从母亲给出的有关适度及健康饮食的建议。遗憾的是，没有这样的治疗方法。科学界还没有发明出一种真正的大脑增强剂。但是这一事实并没有阻止人们出售这种药物，甚至是古老的长生不老药、有着神秘名字的不寻常疗法，以及众多吹嘘各种各样抗衰老的大脑增强剂特性的书籍。如果有人能够利用你的信任获取经济利益，那么他卖给你的东西很可能是无用的。此外，你也不能保证它是安全的。

目前还没有发现任何可以显著增强认知能力或防止大脑衰老的方法。尽管如此，人们还是愿意卖给你这些无用的东西。这可能是一本支持一种特殊饮食的书籍，也可能是一种含有特殊成分的药物。为什么这么多人会被江湖骗子迷惑？怎么会有这么多人强烈地感觉这些药物对他们有效呢？答案很简单——安慰剂效应。从本质上说，我们希望这些药物能起作用，所以我们自欺欺人地认为它们会起作用。毕竟，我们为了买一粒药丸，花了很多钱！

银 杏 叶

互联网上充斥着这样的说法：含有银杏叶提取物的药片和饮料可以中和自由基，扩张大脑中的血管，使人更聪明并且延缓衰老。银杏叶是如何为你做出这些美妙的事情的？这些广告声称，银杏叶能增强乙酰胆碱能神经元的功能，从而增强记忆和提高注意力，且数十项临床试验检验了银杏叶提取物对人体认知的影响。

绝大多数研究表明，银杏对在早期诊断为患有轻度到中度记忆障碍的阿尔茨海默病患者有积极的影响。大多数实验测试的是学习能力、记忆力，其次是对注意力的测试。而多数受试者通常是在开始使用银杏产品的几个月后才被选中进行测试的。因此，我们并不知道他们在使用银杏叶提取物之前的认知水平。这一事实可能导致了实验的偏差。例如，在记忆和学习测试中得分较高的人，本身就是那些认知能力较强的受试者，他们能够阅读和理解银杏有助于记忆的文章，或者他们更容易记住服药。这些研究的作者从未考虑过这些关键因素。测试任何声称能增强认知功能的药物时，在选择受试者上，都会有这种潜在的偏见。至少，研究人员需要在患者开始服用银杏之前和之后进行认知功能测试，否则，显示使用这种物质可以改善认知功能的实验结果都是需要反复衡量的。

关于植物提取物的临床试验还有另一个严重的问题——患者应该服用多少剂量的提取物以及哪种提取物是有效的。中国古代的草药医生建议他们的患者服用银杏叶，或在过去2000年里任何剂量的其他植物提取物，他们会依据过去的经验估算剂量。但植物是复杂的有机体，它能产生多种多样的分子，有些分子在大脑中活跃，有些分子在大脑中不活跃，却富有营养，还有些分子彻底无效。而且，植物中各种物质的含量会随着生长条件的变化而变化。至今为止，尚未严格进行过有关银杏叶有效剂量的研究，因此目前还没有研究能够明确地证明服用多少剂量的银杏叶提取物能够给人带来益处。

现有的少量研究表明，这些草药的成分对多种神经系统有许多潜在作用。不幸的是，这些研究中存在样本不足以及缺乏现代科学研究所需的双盲实验及安慰剂对照组的黄金标准。换言之，在研究过程中，参与药物实验的研究人员和受试者都不应该知道被测试的药物是活性药物还是安慰剂（通常是被研究药物的非活性形式或糖丸），而目前的研究并没有成功地做到这一点。采用这种方法的目的是避免研究者和受试者的偏见影响实验结果。如果研究的测试方法出了问题，就导致了研究缺乏一致性等弱点。

事实上，这一标准很少应用于对银杏叶等替代药物的研究，因为研究结果并不积极。例如，一项对3000多名不同年龄的人进行的长达8年的大型临床试验明确表明，银杏叶不会影响与年龄相关的记忆问题。另一项临床试验还表明，使用银杏实际上可能有害，因为它会增加个体患非出血性脑卒中的风险。

这些只是少数研究，但是在证明银杏和其他草药产品的有效性之前，我们还需要进行更多高质量的研究。而大多数的产品制造商为了避免商品产生任何有毒的副作用会选择出售稀释后的样品，同时也不会让经验丰富的人轻易找到空子并提起诉讼。但这仍然不能保证产品是安全的。例如，在大量进口样品中就发现了高含量农药和致癌物。

撇开这些顾虑不提，许多人相信他们能从银杏叶或市场上其他无数种有望增强认知功能的产品中获益。这是为什么？因为，简而言之，他们希望这些药物能够有些作用，任何作用都可以，所以他们会自我欺骗，令自己相信这些药物真的有效。我们时不时会受到这种错误逻辑的影响。此外，世界卫生组织估计，由于缺乏足够的医学专业知识，世界上80%以上的人口依赖草药治疗仅经自我诊断的精神和身体疾病。

维生素补品

美国人在多种维生素和矿物质补品上花费了数十亿美元，但他们的投资必然有回报吗？未必。对成千上万名年龄和遗传背景各不相同的男女进行的大量研究发现，每天补充多种维生素的长期益处很少，甚至可能没有益处。一项大型研究跟踪了182 000名男性和女性，发现那些每天服用多种维生素的人并没有更长的寿命，心脏病或癌症的患病率也没有减少。心脏病和癌症在美国是两大杀手。在一项对161 000名在绝经后服用复合维生素的妇女进行的研究中，每天服用复合维生素的妇女与不服用复合维生素的妇女相比，前者患乳腺癌、卵巢癌或其他癌症的可能性并未降低。在83 000名被跟踪调查的中老年男性中，每天服用多种维生素的人死于冠心病或脑卒中的可能性并不比不服用维生素的人低。

因此，也许你仍然希望服用复合维生素，至少可以为你大量的时间和金钱投资提供一些适度的好处。不幸的是，经过数十年的研究，我们目前仍然缺乏复合维生素对身体健康益处的证据。即使研究人员检验了多种维生素对普通感冒相关症状的益处，也没有发现显著的健康益处。

那么大脑呢？只要看看网络上的数百条声明，人们自然会认为多种维生素对大脑是有益的！然而事实并不是这样的。

让60—91岁的健康老年男性和女性连续6个月每天服用复合维生素，与服用糖丸的对照组相比，前者在记忆力或其他认知功能测试中没有显著改善。含有维生素E的补品也不再被推荐用于改善大脑的健康。高剂量的补品曾被认为有助于延缓神经认知障碍的发生，现在却被认为会增加脑出血的风险。

尽管完全没有证据表明复合维生素对健康有任何真正的长期益处，但许多人都会为此而疯狂。这就是为什么说美国人的尿液是世界上最贵的。但我们只是排泄了我们体内不需要的东西。

20世纪50年代初，当家长们得知孩子们最喜欢的谷类早餐食品中添加了维生素和矿物质这两种强效化学物质时，他们开始关注维生素并衡量其利弊。一些制造商会特地把药片做成流行卡通人物的肖像。早在2004年，丹麦就禁止了一些添加维生素的谷类食品。因为人们担心如果每天食用含量极高的维生素B_6、钙、叶酸和铁，可能会适得其反，促使这些维生素反而达到了能够激发其毒性的水平。儿童是许多营养丰富的谷类食品的主要消费者，因此他们面临的风险格外高。或许丹麦人反应过度了，但是如果你吃的谷类食物中含有100%的每日建议摄入量，那么每天再去服用多种维生素可能不是一个好主意。

总的来说，我们大多数人都在浪费钱，因为我们完全相信自己需要这些化学物质来维持身体健康。流行病学上的证据并不支持这一观点。事实上，像是硒或者维生素A等曾经被认为对健康至关重要的化学物质根本不是一种主要的会影响身体健康的物质。相反，近期的研究建议要避免高剂量地服用这两种补品。

然而，这一点也不能被夸大。一些人可能确实会因为非健康的饮食、疾病状态或是因为高龄、缺乏阳光等原因而需要补充某些维生素和矿物质。大多数人也都注意到了一些有科学支持的建议，例如，一些人应该多摄入维生素 D（特别是服用他汀类药物来降血脂的人）、在怀孕期间应该服用叶酸，服用某些种类的维生素 B 来保持身心健康，或是超过 50 岁的女性更应该补充铁元素等。

补充硫胺素（维生素 B_1）可能有助于延缓与阿尔茨海默病相关的神经认知障碍的发病。近期的研究还表明，补充维生素 B_1 还会减少疾病的某些病理变化。硫胺素的缺乏带来的许多症状与阿尔茨海默病患者相同。与大多数的其他补品不同的是，大量的科学研究提供了一些关于补充硫胺素对一些患者有效的见解。硫胺素对大脑的主要能量源——糖——的代谢至关重要。在阿尔茨海默病患者的大脑中，依赖于硫胺素的酶的水平通常会降低，这种酶与大脑对糖的利用减少有关。硫胺素缺乏可能源自饮食水平降低，吸收减少，或是一些药物带来的意料之外的后果。由于硫胺素在绝大多数饮食来源中是水溶性的，大部分剂量可能在进入大脑之前就通过尿液排出了。相反，脂溶性的硫胺素——苯磷硫胺——可以在大蒜、洋葱、韭菜和青葱中找到。

铁元素在脑化学中也起着重要作用。铁的缺乏会导致贫血，这也与冷漠和抑郁有关。在注意缺陷／多动障碍的患儿中也发现了其体内缺乏铁元素。但是一个人也不应该摄入过量的铁元素，因为过多的铁在体内是十分有害的。铁会吸引那些想利用它达到自己目的的细菌。因此，体内铁含量高的人比缺铁的人更容易受感染。最后，无论你是谁，你都应该在饮食中摄入适量的维生素。

对我们大多数人来说，"适度"地把控一切是最好的方法。这包括每天摄入适度的热量、适度的日常锻炼以及适度地从天然的来源获取维生素和矿物质。我们要学会忘记昂贵的补品，只吃适量不同的食物。最后，尽量少吃牛肉或猪肉。显然，建议你不要购买昂贵的膳食补品与你从销售这些产品的人那里听到的一切都背道而驰。我的口头禅是：省钱省脑。

伪 科 学

与本书相关的最荒谬的伪科学疗法可能是顺势疗法。这种无稽之谈基于两种观点："以毒攻毒"及少量药物比大量药物更有效。顺势疗法的概念是，你将这些药物稀释到一定的程度，它们非但不会引起任何症状，反而会治愈疾病。事实上，当你把一种物质稀释到推荐的水平时，你最终什么也得不到。本质上，顺势疗法用的就是水，通常或许会加一点糖来提味。

除了使用伪科学逻辑销售的药物和草药外，几乎同样多的非药物干预治疗也缺乏实质性的科学证据。这些干预通常会激发某些神秘力量的作用，而这些力量是物理学家一直未能发现的。这些干预措施缺乏任何科学支持，但这一事实并不能阻止绝望的人们去寻找它们，最重要的是为它们买单。颅骶疗法、耳烛疗法、磁石疗法、水晶疗愈、罗尔夫按摩治疗法、神经语言程序学、念力和原始疗法都是经常被提到的完全无效的干预。此外，"能量药物"，如灵气疗法，或任何众多的自然疗法，从来没有被证明能提供任何医学上的缓解。这些都只是源自安慰剂效应。

安慰剂效应

当涉及像银杏叶一样声称可以增强大脑功能的替代药物和疗法时，永远不要低估你自身期望的力量。你的大脑不仅影响你的感受和思考，你的思想和期望也可以影响大脑和身体的功能。思想和大脑功能会形成一条双行道——当你生病时，你经常感到悲伤；当你沮丧时，你会认为自己生病了。就像绝地武士身上的"原力"一样，安慰剂效应在我们当中的一些人身上也很强烈，它可以用来做好事，也可以用来做坏事。近期的一项大型研究是有关安慰剂效应的负面影响的好例子。该项研究调查了大规模人群进行祈祷对健康的影响。当一位患者不知道有人在为他祈求健康时，患者的健康在研究期间就没有变化。这一发现与一项更早的研究形成了鲜明的对比。在近期的调查中，最有趣的结果是，那些真正意识到别人在为他们祈祷的人的病情明显加重。调研人员推测，同伴的希望反而给患者的心理带来了压力，以至受折磨的患者变得更加不健康。这项研究让我开始思考，是否应该在患者住院期间停止给他们寄慰问卡。这会不会令他们康复的压力更大了？

最好的方法是将安慰剂效应运用在自己身上，换言之就是令你的大脑期待即将会有正面积极的事情发生。关于安慰剂效应在医学实践中的价值已经有很多著述，但这种效应是如何产生的以及它能否得到控制，都是人们尚未了解的问题。基于安慰剂对照组设置，科学家对于实际药物对大脑的影响进行了分析，或者只是将安慰剂与没进行治疗的结果进行了比较。虽然目前的结果还不能够完全确定，但是他们的发现很有趣。然而，一个与实际治疗没有直接关系的研究的结果更加明确。大量元分析（对其他研究人员的数据进行了分析）表明，目前已有的数据仅能证明只有对疼痛的感知才会受到我们思维的影响，科学家将其称为大脑的自然属性。我们的思想和期望对疼痛体验的影响是一种真正的安慰剂效应。

在一项发表于2008年年末的研究中，科学家测量了两组人的痛觉。一组是虔诚的天主教徒，另一组是无神论者和不可知论者。虔诚的天主教徒认为，与看到达·芬奇的作品相比，当他们看到圣母玛利亚时，手上电脉冲带来的痛苦会少一些。相比之下，无神论者和不可知论者在观看这两幅图片时都没有得到疼痛的缓解。磁共振成像扫描显示，天主教徒的疼痛缓解与他们右腹外侧前额叶皮层的大脑活动大幅增加有关。这个大脑区域被认为参与控制疼痛等对感官刺激的情绪反应。事实上,也许这项研究向我们展示了安慰剂效应在脑中相对应的位置。

其他一些使用脑成像技术来显示大脑活动和安慰剂效应之间相关性的研究已经表明,有些人对安慰剂效应的反应表现得比其他人强,但似乎每个人都有能力产生这样的反应。也有越来越多的证据表明,安慰剂的使用可能有益于帕金森病、抑郁症和焦虑症患者。在未来,科学家会通过更好的测试手段证明安慰剂效应如何在多方面影响我们的健康。简而言之,安慰剂效应是真实存在的,我们只是没有全面地了解它的工作方式。但迄今为止,获得的证据确实值得我们特别注意,尤其是有关疼痛的证据。有些人能够阻止疼痛信号的传入或是改变它们被感知的方式。此外,毫无疑问,你的大脑会根据你痛苦的经历或多或少地变得更加痛苦——你是否感到疲劳、焦虑、恐惧或无聊?你认为不久后会有更痛苦的经历吗?

越来越多研究基因对安慰剂影响的证据表明,一个人的基因组成会影响临床结果,并可能帮助我们识别更倾向于对安慰剂效应有反应的人群。4种不同的神经递质的基因被认为是安慰剂效应的基础。至少有10个同时影响着多巴胺和血清素功能的基因与情绪问题相关,特别是抑郁症症状上的安慰剂效应。此外,如前所述,某些特定的基因会影响内源性阿片和大麻神经递质系统,这可能是安慰剂产生的镇痛作用的基础。总的来说,安慰剂的镇痛作用似乎占了缓解疼痛药物疗效的一半。不管这种活跃的药物是阿司匹林还是吗啡，安慰剂的作用都是存在的，这意味着安慰剂吗啡明显比安慰剂阿司匹林强大。为什么？因为人们认为吗啡比阿司匹林有效。

在抑郁症方面，安慰剂的效应是任何标准抗抑郁药物的30%～40%。在任何治疗中，安慰剂效应都有一个关键要素——安慰剂效应总是比"真正的"药物效应发生得快。如果你曾经看过一种药物会"立竿见影"的说法，那么可以肯定，那完全是安慰剂效应。此外，最近的一项研究发现，安慰剂的作用并未显示正常的消退。这意味着人们将继续从安慰剂药物中受益，即使该药并未带来其原本的益处。真正的信徒会拒绝放弃虚假的希望。

安慰剂效应有时会以意想不到的方式发挥作用。例如，你服用的药片的颜色会影响你对它的预期。虽然药片可以做成任何颜色的，但是大多数人喜欢蓝色、粉红色或其他一些呈温柔、温暖颜色的抗焦虑药片，人们也更喜欢红色或有明亮颜色的强力抗癌药物。美国人不喜欢黑色或棕色的药片，这与英国或欧洲人的偏好形成了鲜明的对比。因此，美国人购买的大多数非处方药都是小而白的圆形药片。然而，稍微大一点的药片或是奇形怪状的药片也被认为是比小药片更有效或只是更好。有时，单是简单的颜色或形状的改变就能恢复药物带来安慰剂效应的能力。另外，药效有时来自服用药物的方案。例如，当医生给你开出一个非常极端甚至神秘的药方时，比如你只能在满月或每隔一个周四服药，则此时的药效是最佳的。草药师和脊椎指压治疗师通常会利用这一概念，推荐古怪或过量的看起来怪怪的药片或恶臭的药水。我们都希望相信自己服用的药有助于健康。幸运的是，由于出现了安慰剂效应，我们有时甚至会短暂地受益于大多数伪造的药水和药片。正如奇妙仙子[1]所说的："你只需要相信！"如果你吃的只是一颗糖丸，那么你是不是被骗了真的重要吗？也许，这取决于糖丸的价格以及一个人坚信没有及时服用被证明有效的药物所冒的风险。服用那些承诺像圣杯一样难得的能抵抗衰老，进而提升大脑功能的物质，其风险可能同样可怕，这都取决于这些物质中的"糖"的真正性质。

人们很容易被愚弄。我们的大脑并不像我们希望的那样完美，所以我们一直在寻找神奇的药丸或魔药，来让我们变得更聪明，或者预防衰老带来的不可避免的影响。只要我们不停地寻找，就会有人把它卖给我们，我们就会排着队去买。但这一点也不明智，也不会令我们更健康，只会使我们更贫穷。然而，这并不意味着没有希望。你已经看到有一个非常简单和省钱的方式，可以提高大脑的表现和延缓衰老的过程——少吃一些食物，因为你永远不应该低估食物对头脑的影响力。

---

[1] 来自童话故事《彼得·潘》(*Peter Pan*)。——译者注

结　束　语

　　我写这本书的主要目的是为了证明，我们可以利用现有的关于药物和营养物质如何影响大脑的知识来更好地了解大脑是如何工作的。我希望你已经了解到，你的大脑对你摄入的药物和食物的反应在一定程度上是可预测的。这并不是很神秘。随着科学不断发展，我们也不断地加深了对于大脑工作方式的理解，许多围绕着大脑功能的神话和流言将会消失。我们摄入的化学物质要么会影响大脑的功能，要么什么都不会影响——前者是药物，而后者是食物。你对摄入的任何一种化学物质做出的反应取决于你的身体因素，也就是你的生理、性别、年龄、健康状况、你从父母那里继承的基因，以及你对这种化学物质的预期。不要忘记，大脑是思想的器官，无论它经历了什么，都会成为你现实的一部分。因此，改变大脑功能的化学物质可以改变你对现实的个人体验。最后，一定要解释大脑是如何对你摄入的化学物质做出反应的，要知道大脑的功能是如何由进化形成的。大脑只有两个目的：让你生存下去和让你的基因得以延续。当你对大脑有了更明确的了解时，你将成为更明智的消费者。

拓展阅读

Allman, John Morgan. *Evolving Brains*. New York: Scientific American Library, 1999.

Bausell, R. Barker. *Snake Oil Science: The Truth About Complementary and Alternative Medicine*. New York: Oxford University Press, 2007.

Courtright, David T. *Forces of Habit: Drugs and thx Making of the Modern World*. Cambridge, MA: Harvard University Press, 2001.

Gold, Paul E., Larry Cahill, & Gary L. Wenk. The lowdown on ginkgo. *Scientific American*, 288. 86–91, April 2003.

Kennedy, David O. *Plants and the Human Brain*. Oxford, UK: Oxford University Press, 2014.

Lane, Nick. *Power, Sex, Suicide: Mitochondria and the Meaning of Life*. Oxford, UK: Oxford University Press, 2005.

Linden, David. *The Accidental Mind: How Brain Ewlution Has Given Us Love, Memory, Dreams, and God*. Cambridge, MA: Harvard University Press, 2007.

Meyer, Jerrold S., & Linda F. Quenzer. *Psychopharmacology: Drugs, Brain and Behavior*, 2nd ed. Sunderland, MA: Sinaucr, 2013.

Miller, Lucinda, G., & Wallace J. Murray (Eds.). *Herbal Medicinals:*

A Clinician's Guide. New York: Pharmaceutical Products Press, 1998.

Spinella, Marcello. *The Psychopharmacology of Herbal Medicines.* Cambridge, MA: MIT Press, 2001.

Wenk, Gary L. *The Brain: What Everyone Needs to Know.* Oxford, UK: Oxford University Press, 2017.

Wink, M., & B.-E. van Wyk. *Mind-Altering and Poisonous Plants of the World.* Portland, OR: Timber Press, 2008.